先月球再火星，载人太空探索之路

Moon First and Mars Second: A Practical Approach to Human Space Exploration

[美] 艾莉森·雷诺（Allyson Reneau） 著
范嵬娜 译

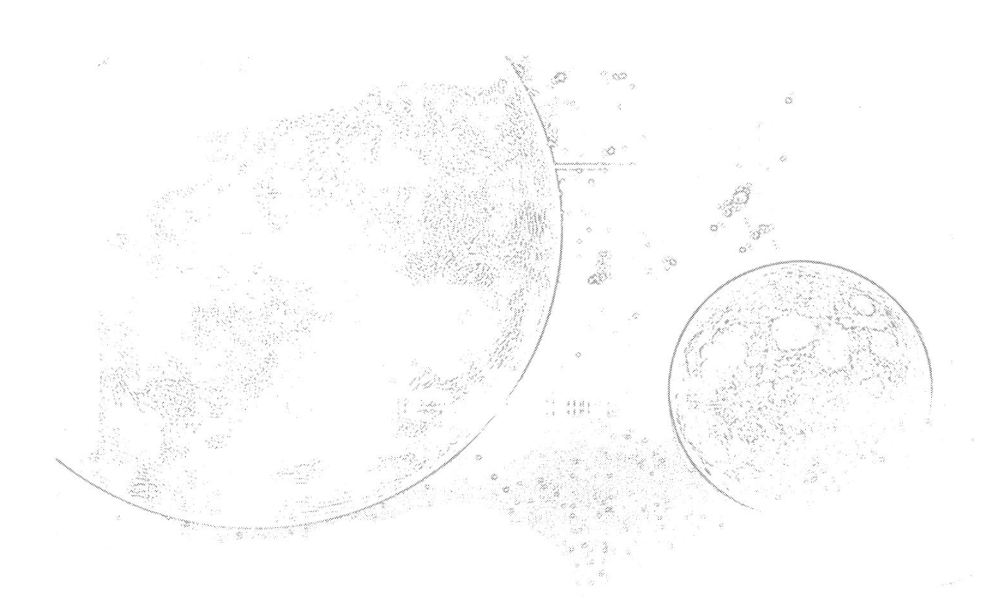

北京理工大学出版社
BEIJING INSTITUTE OF TECHNOLOGY PRESS

图书在版编目（CIP）数据

先月球再火星，载人太空探索之路 /（美）艾莉森·雷诺著；范嵬娜译．--北京：北京理工大学出版社，2021.7

书名原文：Moon First and Mars Second：A Practical Approach to Human Space Exploration

ISBN 978-7-5763-0131-1

Ⅰ．①先… Ⅱ．①艾… ②范… Ⅲ．①载人航天飞行—普及读物 Ⅳ．①V529-49

中国版本图书馆 CIP 数据核字（2021）第 164023 号

北京市版权局著作权合同登记号 图字：01-2021-4281

出版发行 / 北京理工大学出版社有限责任公司
社　　址 / 北京市海淀区中关村南大街 5 号
邮　　编 / 100081
电　　话 /（010）68914775（总编室）
（010）82562903（教材售后服务热线）
（010）68944723（其他图书服务热线）
网　　址 / http://www.bitpress.com.cn
经　　销 / 全国各地新华书店
印　　刷 / 保定市中画美凯印刷有限公司
开　　本 / 710 毫米×1000 毫米 1/16
印　　张 / 7.5
字　　数 / 130 千字
版　　次 / 2021 年 7 月第 1 版 2021 年 7 月第 1 次印刷
定　　价 / 65.00 元

责任编辑 / 刘　派
文案编辑 / 刘　派
责任校对 / 周瑞红
责任印制 / 李志强

序　一

人类如何在火星上生存？本书简短而引人入胜地回答了这个问题，给出了合乎逻辑的答案。现在就去探索月球吧！月球是一个非常好的太空实验室，可以帮助我们了解、开发在红色星球和太阳系居住所必需的技术。书中介绍了载人太空探索涉及的众多挑战，强调了国际合作的重要性，并指出了我们正在实施载人登月的事实。请把本书放入您的阅读清单！

Giovanni Fazio 博士

哈佛大学高级物理学家

史密森天体物理中心

序 二

美苏冷战后期，太空竞赛和登月成为航天超级大国在全球竞争的重要内容。正如《华盛顿邮报》作者 Christian Davenport 所言：“……布什总统疯狂实施冲向月球表面的计划，1966—1976 年，近 20 艘宇宙飞船在月球上软着陆，其中 6 艘载有美国国家航空航天局（NASA）宇航员”。

后来冷战成为历史，人们对太空探索的关注开始转向了火星，已经停止工作的“勇气”号和“机遇”号火星车，以及仍在运行的“好奇”号火星车占据了新闻头条。自宇航员实现登月以来，全世界的孩子都梦想着去火星。太空探索技术公司（Space X）总裁埃隆·马斯克（Elon Musk）预言终有一天，会在火星上建成拥有百万人口、功能完善的人类社会。

今天，航天世界又回到了 40 年前，再次把月球推到航天强国对太空渴望的中心。而这次令人兴奋的重返月球的竞赛也有了新的角色，中国是第一个在月球背面成功着陆（即“嫦娥四号”探月工程）的国家，印度、俄罗斯、日本、欧洲和中国还有其他月球探索计划，拥有“月球门户”计划的美国正大声疾呼要重返月球。

因此，空间政策专家艾莉森·雷诺（Allyson Reneau）撰写的本书非常及时，解释了为什么要认真尝试重返月球。本书引用了作者在哈佛大学学习时发表的论文内容，书中采访了世界各地的顶尖航天专家，并回答了一些关键问题。

本书解释了目前这些月球探索计划的重要意义。通过阅读本书，能够帮助我们了解这些月球活动将如何影响后续的太空探索计划；能够帮助我们了解这些月球活动如何影响未来几年的航天和“新航天”事业；能够帮助我们从技术、运行、经费和生理的角度理解这些月球倡议。

本书的书名《先月球再火星，载人太空探索之路》告诉了我们一切。本书阐述了在21世纪20年代开展月球探索、应用和维护的所有理由，让人耳目一新。到21世纪30年代，我们可能对在太空（距离地球较近的太空区域，比如月球）建设家园和生活有了足够的了解，可以采取下一步计划。简而言之，我们有足够的时间利用21世纪30年代登陆火星、探索木星的卫星，甚至可能以颠覆性的方式利用太空系统来拯救我们的星球免受宇宙的威胁。

尽管如此，前进的道路还是会有一些曲折。仍有人认为专注于火星探索是太空探索的最佳进步。美国国会与前任总统特朗普政府仍有分歧。拨款法案的优先事项有可能更改，2020年11月的美国总统选举也可能引发变数。无论如何，在前往火星之前从探索月球中获取更多知识是明智之举。

在此之前，我们不妨阅读一下本书作者艾莉森·雷诺的这些研究和实际想法，它解释了当前月球和月球活动是美国和其他航天国家关注焦点的原因。让我们拭目以待，看看航天2.0（Space 2.0）活动会带给我们什么。希望它能得到新航天参与者们更多的支持，以及更好、更多的航天国际合作。如果航天领域的成果能够全球共享，航天事业将会以最快、最明智的途径发展，取得最大的进步。

约瑟夫·N. 佩尔顿（Joseph N. Pelton）

亚瑟·C·克拉克基金会的创始人、前董事会主席，国际空间大学主任

前　言

全球正在就载人重返月球达成共识，美国、中国、印度、俄罗斯、加拿大、日本和欧洲航天局正把目光投向我们外层空间最近的邻居。从一开始，地球生命就与月球息息相关。月球不仅存在着巨大的科学价值，也可能为我们提供丰富的原始资源，使我们在地球上的生活受益。

月球也可以用作中转站，帮助人类对太阳系中更远的天体进行探索和开发。月球上的活动可以帮助我们验证对未来发展至关重要的技术：生命保障系统、操作能力、新的规则政策以及空间法。21 世纪 20 年代，在月球上获得的知识，最终将证明对未来几十年的太空采矿、材料加工、开发具有成本效益的太空动力系统，甚至对人类在火星定居至关重要。

很明显，目前关于未来月球探索热度很高，但也存在着不确定性。十多个国家正在积极从事与运载技术、后勤保障和科学设备以及生理研究有关的新领域研究。目前，全世界正在开发至少 5 种不同的地 – 月空间火箭系统。同时，2020 年美国大选、新的商业参与者、特别是全球新冠疫情（COVID – 19）的影响也使载人月球探索存在各种不确定性。新型冠状病毒的蔓延正在影响着全球经济，尤其影响着太空系统和探索活动。在这种环境下，尤其在经济衰退时期，月球探索能否获得政府投资就不确定了。而当前经济衰退的影响仍有待观察，随后的经济复苏有可能使月球探索在 21 世纪 20 年代继续进行。尽管目前存在着变数，但本书的信息仍然非常有价值。本书后面的信息和分析为现在正在进行的月球计划的地点、内容和方式提供了至关重要的背景信息。未来将人类送上月球并在月球上长期驻留仍然是一个全球关键的目标。对月球资源的探索、有计划的商业开发以及科学探索，仍将是21世纪20年代的关键目标，尽管目前这些目标可能会推迟几年。

本书将调查国际航天机构和私人公司通过国际合作、公共-私营合作伙伴关系，甚至创业计划重返月球表面的理由。尽管火星（或更远的地方）是最终目标，但由于缺乏政治意愿、预算的削减，以及技术和医学知识的欠发达，都使得这个计划很难实现。所有这些因素使人们对太空探索的兴趣都指向了重返月球。

考虑到在深空生活和工作有危及生命的危险，应当把月球作为载人火星任务的试验场，可以从中获得太空发电、空间通信、信息和操作协议以及安全实践等方面大量的新信息。也可以从实践和规则的角度，创建与人类在外太空生存相关的管理政策和法律实践。

雄心勃勃的载人太空探索的推进需要以有序和安全的方式进行，以便在这一危险和令人兴奋的探索中维护和保护人类外太空生存的可持续性。

太空探索计划从来就不是一种权利，它是对未来的一种投资——一种对技术、就业、国际尊重和地缘政治领导力的投资，有可能最大的价值在于对年轻一代的激励和教育。那些最优秀最聪明的NASA人才以及众多大大小小的私人承包商，没有加入设计风车或重新设计油门的团队，而是为了实现他们的梦想再一次带我们去无人涉足的地方（“阿波罗”17号飞船宇航员Gene Cernan，2011年9月）。

艾莉森·雷诺

哈佛大学国际关系硕士

美国俄克拉荷马城

致　谢

我要感谢我的父母、我漂亮的11个孩子，以及我坚定的朋友们；俄克拉何马大学和哈佛大学鼓舞人心的院长、顾问和教员们；还有我慈爱的上帝。在困难的时候，你们每个人都在我耳边低声说："你能行的！"对此，我将永远心存感激。我把这份作品献给你们所有人，以及我所受的教育给我提供的许多机会。我保证让这个世界变得更美好。

目　录

第 1 章

太空探索

1.1 太空探索历程

1961 年 5 月 25 日，美国总统约翰·肯尼迪在国会联席会议上发表历史性讲话，大胆宣布了 20 世纪 60 年代末将美国人送上月球的宏伟目标。8 年多以后，“阿波罗”11 号飞船成功将首批两名宇航员送上月球。遗憾的是，肯尼迪总统没有看到这次大胆登月演说的成果。1963 年 11 月 22 日，总统车队在得克萨斯州达拉斯市区行进过程中，肯尼迪总统在车内遇刺身亡。正如这位年轻有为的美国总统英年早逝一样，随着时间的推移，美国国家航空航天局（NASA）希望在地球轨道之外开展一项积极的载人太空计划的愿望，在接下来的几十年里逐渐消退。

20 世纪 70 年代初，美国取得了最伟大的载人登月成就，是什么原因导致美国过早终止深空探测的目标呢？本书将探讨美国载人太空探索计划概念的诞生、前 10 年的加速发展、随后的高潮及之后的销声匿迹。特朗普政府赞成 NASA 使用商业载人宇宙飞船（简称飞船）为“国际空间站”提供载人运输服务，以维持人类在近地轨道的驻留，在此之前这些运输服务是由政府负责开发的。此外，受重组后国家航天委员会的影响，NASA 最近接受了一项新的具有挑战性的计划，即在 2024 年之前实现载人重返月球。航天资深专业人士心中的疑问是：这个计划的结果会不同于老布什总统和小布什总统父子二人当初的月球倡议结果吗？当年由于资金不足、缺乏国会支持、进度超期以及美国总统领导层更迭等原因导致这些载人登月、登火的计划都流产了。

目前是否存在像20世纪60年代美国和苏联的太空竞赛那样的全球性登月竞赛，答案是肯定的。一些国家竞相参与无人或有人月球探索活动，但这与当年的太空竞赛完全不同。

就像航天历史学家和空间政策专家John Logsdon博士经常提及的问题："在载人太空探索领域，我们还会有另一个'肯尼迪时刻'把美国从放任的表现中唤醒吗？"在21世纪的今天，答案可能是响亮的："是的！"事实上，月球竞赛已经开始，中国和俄罗斯在许多领域正在挑战美国在全球领导地位。目前，美国航天计划的理念再次是"大处着眼"，美国在其"航天政策指令1"中提出的目标是呼吁"美国重塑航天领导地位"。这使当前美国航天政策有了重大转变和航向修正。目前，不仅美国、中国、欧洲、印度、以色列和俄罗斯提出了众多探索月球的国家倡议，而且越来越多的私营企业也参与其中。

私人企业"新航天"计划也以惊人的速度取得进展。以亿万富翁、雄心勃勃的创新者和航天企业家为首的这些商业航天公司正在探索新的模式，以更低的价格进入太空，而且通常速度更快、效率更高。美林银行（Merrill Lynch）曾预测，2020年太空经济将达到近4 000亿美元，到2050年，与航天相关的业务可能会增加到3万亿美元（Sheetz，2017年10月31日）。

根据对各种新的航天服务和航天相关活动的分析表明，未来10年，太空经济可能会从4 000亿美元增长至万亿美元（Pelton，2019）。

目前，为了节省时间和纳税人的钱，NASA正在成为这些公司的用户。例如，波音公司和Space X公司已经开始向"国际空间站"（ISS）运送NASA宇航员。航天企业家们已经在计划载人绕月飞行、建造用于科学研究和旅游的月球居住地，以及开展私人火星之旅，世界正在见证一场独特而激动人心的复兴。后面的章节将讲述这些私人航天倡议计划。

本书想表达的意思是，在人类寻求冒险去火星和更远的地方之前，在月球表面验证稳定和安全的技术、空间动力系统、可行的通信、信息技术、可持续的基础设施和生命保障系统是非常重要的，月球可以作为长期载人火星任务的试验场。

有很多理由可以证明月球是人类在太空生存和工作的最佳地点。距离地球只有23.8万英里（38万千米）的试验场肯定要比距离地球数百万英里/千米的试验场要好得多。当航天国家和商业参与者们将他们的目光投向雄心勃勃的载人探索之路时，他们应该以有序和渐进的方式来实现这一目标。这不仅是为了实现伟大的理想，更重要的是为了保护人类的生命。

尽管上面给出了通过NASA“阿尔忒弥斯”计划可以了解在月球上如何生存的许多理由，而且欧洲、印度、日本、中国和俄罗斯也在制订各种月球探索计划，但探索月球任务优先的计划也可能发生变化，有些人仍认为火星探索任务优先很有意义。目前，美国月球探索计划是否有变化也取决于美国2020年总统大选的结果（译者注：2021年1月20日，拜登就任美国总统，美国“阿尔忒弥斯”计划目前仍未发生变化）。但是，本书中所谈论的月球探索计划，大致上代表了美国和其他航天国家在未来10年所预期的载人航天计划的基本轮廓。

1.2 个人的独特观点

作为一个生活在美国腹地的典型中产阶级母亲，在我直接参与航天科技和美国国家航天政策之前，我过着“平常”的生活。NASA和美国航天政策并不在我的关注范围内，我和我社区里的邻居们也不会把航天作为优先关注事项。作为一个有11个孩子的母亲，我每天的注意力不是去月球或火星，而是让孩子们按时上学、喂饱他们、还房贷，并带孩子们去参加课外体育和音乐活动，同时还要经营一家全职公司。在我的社区或我的城市里，没有人想过或过多谈论太空探索项目和技术。我的纳税朋友们和当地居民（如果他们考虑到航天的话）很想知道：当地球上还有这么多问题没得到解决的时候，为什么政府还要在太空探索上花这么多的钱？

当我在哈佛大学学习和研究了航天政策，在华盛顿特区的NASA总部工作一段时间并获得了国际空间大学的学位之后，我有机会参与研究与载人和无人深空探测、空间科学和卫星技术应用有关的问题。我现在清楚地看到，雄心勃勃的航天计划所带来的惊人好处。所有花在航天项目上的钱都能创造出就业机会，直接使地球上的人们受益。航天计划产生的技术使我们的生活更轻松、更舒适。美林银行预测，到2050年，太空经济规模将达到3万亿美元，这将转化为就业机会、赚钱机会以及支持新的经济活动，所有这些都有利于全球经济。我希望回答这些问题，因为我相信你也有同样的疑问。

也许读完本书后，你会发现，对太空探索的持续投资会带来有形回报或更重要的无形回报。尤其是载人太空探索能够带来非常有价值的新技术和新知识，这可以为全世界公民每天面临的悬而未决的问题提供解决办法。航天系统和太空探索可能会解决这些难题：不治之症的治疗；更好的通信；更清洁的能源；更好的自然灾害预警系统，包括龙卷风、地震和飓风；互联网的同步；重要矿物的位置；保护地球免受太阳风暴和小行星撞击。当你每一次乘坐飞机安全起飞或降落、利用导航系统开车到达目的地、观看最喜爱的电视节目，或使用智能手机时，都是在享受着地球上空航天系统带来的益处。

航天计划带给地球日常生活的便利遍及方方面面，只是有些方面不易察觉。基于航天的创新几乎随处可见，从手术室到智能农业，再到用更坚固、更有弹性的建筑材料建造的住宅、办公室、酒店和摩天大楼。基于航天的衍生产品也非常普遍，但大多数人（包括几年前的我）完全没有意识到太空探索的积极方面，而这些积极方面会影响到人们日常生活的大部分时间。想要更多了解这些益处，您可以访问YouTube，找到一段“如果有一天没有卫星”（If There Were a Day Without Satellites）的简短视频，它举例说明如果我们突然被拒绝访问通信、导航、遥感、天气和防御系统卫星，全世界的人们将失去很多重要、关键的服务。

本书的目的是要说明月球是极好的空间实验室这一事实，它是最容易到达的邻居，通信延迟最小，成本最低。如果人类要在太空中长期生存并最终利用太空资源，那么从月球开始是合乎逻辑和经济的明智之举。因此，本书旨在定义和评估人类探索外太空并在外太空建设基础设施的最佳途径。

许多航天专家的分析、观点和认知可以回答有关太空探索、应用和发展的后续重要问题。他们分享的专业知识可以解释未来几年、几十年内可能取得的成就，包括何时做和优先做什么，以及为什么在月球上先期开展许多关键的工作。对于世界各大航天机构来说，对我们最近邻居的探索将指导其后续决策，这对于评估未来几十年的行动是非常重要的。同样重要的是，商业航天也会据此考虑参与机会并采取相应行动。

马丁·路德·金（Martin Luther King）曾经说过："人类的进步既不是自然的，也不是不可避免的。每一步都需要奉献、苦难、奋斗，需要有奉献精神的人们的不懈努力和热血情怀。"（Martin Luther King，1958 年）。

大多数有价值的冒险活动都是如此，重要的航天活动也是如此。目前，对航天的投资，再加上持续的奋斗，可以在未来获得丰厚的回报。如果在 2050 年实现了 3 万亿美元的太空经济，这些投资的意义就不言而喻了。

参考文献

[1] If There Were A Day Without Satellites.(2016). YouTube. https://www.youtube.com/watch? v=5sgM7YC8Zv4. Last accessed 2 Feb 2020.

[2] Martin Luther King Junior.(1958). https://whatwillmatter.com/2017/01/worth-reading-michaeljosephsons-martin-luther-king-day-speech. Last accessed 3 Feb 2020.

[3] Pelton J.(2019). Space 2.0: Revolutionary advances in the space industry (p. 2). Cham: Springer Praxis Press.

[4] Sheetz M.(Oct. 31 2017). The space industry will be worth nearly 3 trillion in thirty years Bank of America predicts, CNBC.com. https://www.cnbc.com/2017/10/31/the-space-industry-will-beworth-nearly-3-trillion-in-30-years-bank-of-america-predicts.html. Last accessed 15 Jan 2020.

第2章

太空探索的背景和早期历史

2.1 早期的太空探索

1969 年 7 月 20 日，美国宇航员尼尔·阿姆斯特朗（Neil Armstrong）和巴兹·奥尔德林（Buzz Aldrin）踏上月球，在月球上留下了人类的足迹，取得了历史性的伟大胜利。随后，美国开展了多次月面探索任务，最终于 1972 年 12 月，“阿波罗 17 号”飞船宇航员吉恩·塞尔南（Gene Cernan）和哈里森·施密特（Harrison Schmidt）在月球上留下了迄今人类最后的足迹。从那时起，美国实施了许多次航天飞机任务，并通过“国际空间站”实现了人类在太空中的长期驻留。毫无疑问，这些都是航天领域的重大成就，使地球上所有人受益。但是，在过去的 40 年里，载人太空探索的足迹局限在低地球轨道（LEO）。如果人类要探索太阳系和整个宇宙，就必须突破这种模式。归根结底，如果人类要实现最终的命运，就需要逃离地球的引力圈，重返地外天体，乃至到达火星及更远的地方（Chaikin，1994）。

探索是人类文明的本质，是进步社会的特征之一。国家在探索未知过程中产生的创新及发现会最终带来国家繁荣。此外，还可以提升国家威望，激励公民追求卓越，为未来创造新知识和新举措。各个航天大国下一步应该采取哪些合乎逻辑的计划？是重返月球，还是直接前往火星，还是尚未确定的其他计划？

下面将对各种选择的优缺点逐一进行评估。这里选取了影响决策的最关键的6个因素，对未来太空探索和发现进行分析，这6个因素分别是：生理的、心理的、技术的、经济的、国际的和国家的。有理由相信，这6个因素可能是做出适当决定的最关键因素。当然，很有可能还有其他的关键因素，但这6个因素足以说明什么样的道路是合适和明智的选择。与这6个因素密切相关的是允许在这些领域取得进展的法律和规则环境，因此本书也将阐述相关的法律和规则问题。

在各国对航天领域下一步行动决策前，首先梳理过去几十年丰富的太空探索历史。人类正处于重要的十字路口，如何维护地球的长期可持续性和人们的生活质量，需要认真思考并做出决策。事实上，航天的未来和地球生命的可持续性等关键问题是紧密交织的。对载人和机器人太空探索的持续投入催生了新的科学和工程知识，同时还具有非凡的无形价值，激发教育和研究热情，使国家和人民受益。如果本着科学、合作的原则开展这些航天活动，人类就有可能变得更加团结。太空探索最终有助于降低人类通过战争和暴力行为进行竞争的可能性。对于职业女性来说，太空探索活动更具鼓舞性。下面这段话来自 NASA 负责探索和太空运营的高级顾问凯西·劳里尼（Kathy Laurini），她只是从参与所谓的“太空冒险”活动中获得智慧、教育和哲学启示的数以万计的人们中的一位。

“阿波罗”11号飞船着陆时，我九岁，宇航员尼尔·阿姆斯特朗和巴兹·奥尔德林在月球上首次留下了人类的足迹，这激励着我成为一名工程师。它震撼了世界！我带着我的朋友们参观了 NASA，后来他们的孩子成为工程师和科学家。航天活动鼓舞着人们的生活，我们需要宣传我们所取得的一切成果，因为加强这种意识对成年人以及我们的孩子们都有很大的好处（Laurini，2015年7月28日）。

2.2 冷战初期的航天活动

1945年，第二次世界大战结束后，世界两个超级大国——社会主义国家苏联和资本主义国家美国之间开始了一场新的意识形态之战，称为“冷战”。两个国家都努力在军事和技术上显示出优越性，以此来证明社会主义制度或资本主义制度哪个更好。随着竞争对手争夺霸权，外太空成为他们竞争的壮观竞技场（约翰·F. 肯尼迪总统图书馆和博物馆，2016 年 2 月 21 日）。

1957 年 10 月 4 日，苏联将首颗人造地球卫星“斯普尼克”1 号送入太空，对美国的太空抱负造成了沉重打击。这次卫星发射不仅开启了太空时代的序幕，也开启了“太空军备竞赛”的序幕。美国和苏联之间的冷战紧张局势将这场太空军备竞赛推向了火热的阶段。以“斯普尼克”1 号人造地球卫星发射为代表的这一领先和主导的技术成就使美国人感到惊讶和尴尬，证明苏联当时在航天系统方面的技术更为先进。这一意外的早期人造卫星发射以及随后的发射暴露了当时美国在太空军备竞赛中落后的程度（“斯普尼克号”人造地球卫星，NASA 历史，1957 年）（图 2.1）。

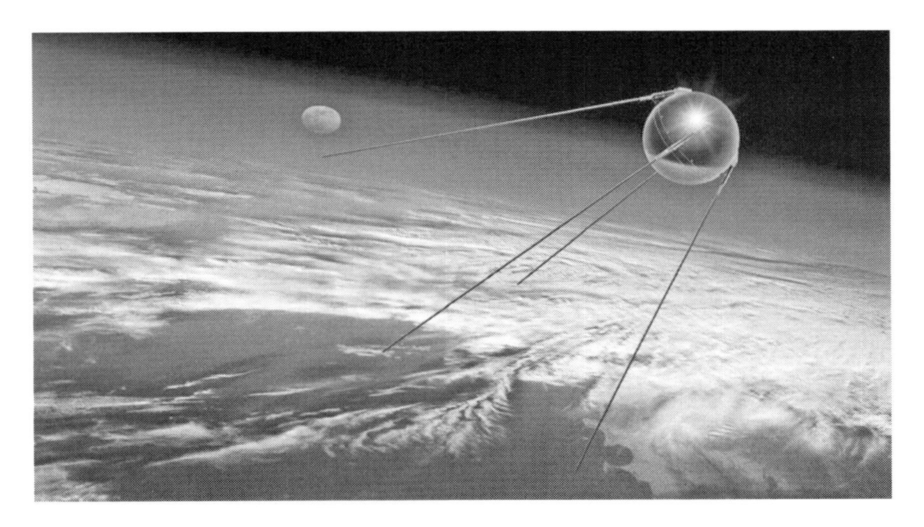

图 2.1　地球上方的“斯普尼克 1 号”人造地球卫星

（图片来源：NASA）

随后几个月，美国曾多次匆忙尝试发射卫星，但尴尬的是，都以发射失败告终。4 个月后，在仓促的冲刺中，美国于 1958 年 1 月 31 日发射了第一颗名为“探索者”的卫星。此次任务装载了星上盖革计数器，探测到了范·艾伦带，被认为是首次科学实验任务。图 2.2 从左到右依次是：建造和运行这颗卫星的喷气推进实验室负责人威廉·皮克林（William Pickering）博士、研制盖革计数器有效载荷的爱荷华州立大学詹姆斯·范·艾伦（James Van Allen）教授和沃纳·冯·布劳恩（Werner Von Braun），他设计并监造了 1958 年用于发射“探索者”1 号卫星的“木星 C”运载火箭。

图 2.2　美国首颗成功发射的“探索者 1 号”卫星的 3 位设计者

（图片来源：NASA）

然而，1957—1961 年，苏联开始完成一系列意识形态上和技术上的“第一”，包括使用“斯普尼克”2 号人造地球卫星将一只狗送入轨道。随后，苏联宇航员尤里·加加林（Cosmonaut Yuri Gagarin）进入近地轨道，这或许是当时最壮观的航天成就。尽管加加林进入太空后只是绕了地球一圈，在 1961 年 4 月 12 日就脱离轨道返回了地球，但全世界的媒体对此进行了铺天盖地的报道（图 2.3）。

图 2.3　首位进入太空的宇航员尤里·加加林

（图片来源：NASA）

苏联取得的其他领先成就包括将首位女性宇航员送入太空、成功实施首次太空行走、成功发射首个绕月探测器以及首个在月球表面着陆的无人探测器。在这些苏联功绩的刺激下，美国政府与军事、科学、医疗和技术界联合起来，他们担心苏联会考虑更具挑衅性的计划，于是在太空军备竞赛中迅速推进其他计划（Hanes，2012）。

参考文献

[1] Chaikin A.(1994). A man on the moon. New York：Penguin Books.

[2] Hanes E.(2012). From sputnik to spacewalking：Soviet space frsts. History in the headlines. http://www. history. com/news/from – sputnik – to –

spacewalking7 – soviet – space – frsts. Last accessed 23 Nov 2019.

[3] John F. Kennedy. Presidential Library and Museum, "The Cold War." http://www.jfklibrary.org/JFK/JFK – in – history/The – Cold – War.aspx. Last accessed 21 February 2016.

[4] Laurini K. (July 28 2015). NASA, Senior Advisor. Exploration and space operations. Personal interview. International Space University.

第3章

美国太空计划的成熟之路

3.1 NASA的创立

苏联于1957年10月成功发射了“斯普尼克”1号人造地球卫星，美国既感到恐惧又感到耻辱。自第二次世界大战之后，美国一直以在军事、科学和技术上优于其他国家而自豪。这种在太空领域重新取得领先地位的紧迫感使艾森豪威尔（Dwight D. Eisenhower）总统下定决心成立美国国家航空航天局（National Aeronautics and Space Administration，NASA），并得到了国会支持。1958年7月29日，NASA正式成立（Dick，2008）。

这个新的组织被指定为民用航天机构，目的是和平探索外太空，艾森豪威尔总统及其继任者肯尼迪总统后来又创建了一些国家航天安全机构，这些机构与NASA合作开展太空计划。首批行动是侦察卫星“科罗纳”“氩气”和“系索”，这些项目从20世纪50年代末到20世纪70年代初连续实施。这些高分辨率的空间监视计划主要研制战略侦察卫星，以获取有关苏联的情报（Skytland，2012）。

这些卫星收集关于轰炸机以及航天和导弹能力的信息。第二个相关行动是1961年成立了新的秘密组织——美国国家侦察局（Aational Reconnaissance Office，NRO），它致力于将外层空间用于潜在的军事用途，特别是通过分析侦察卫星情报信息来详细审查战略信息。

3.2 “水星”计划

尽快将宇航员送入地球轨道是NASA的首要任务之一。“水星”计划的最初目标是研究载人往返地球轨道的能力，该计划从1958年持续到1963年（图3.1）。

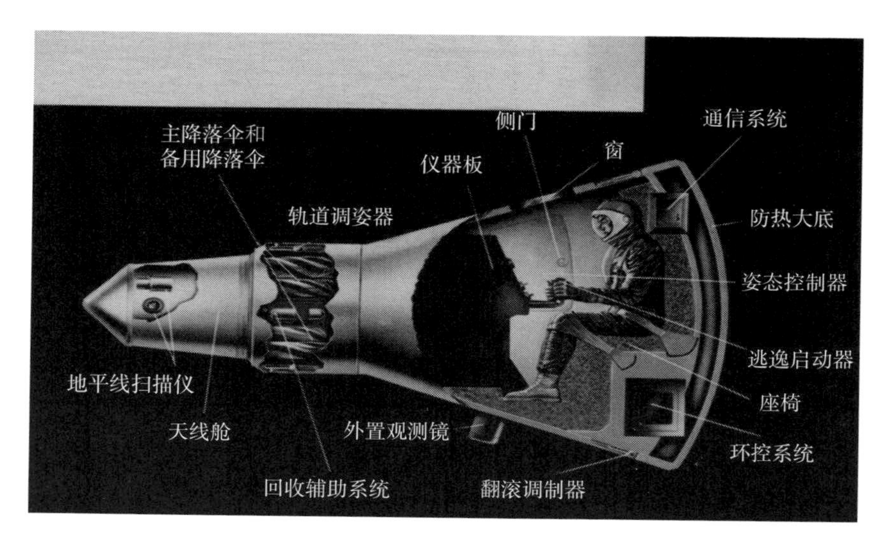

图3.1 “水星”计划的飞船弹道舱

（图片来源：NASA）

NASA从军方的飞行员试飞计划中选出了7名宇航员，称为“水星七人组”。1961年5月5日，宇航员艾伦·谢泼德（Alan Shepard）乘坐“自由”7号飞船完成了15分钟的亚轨道飞行。1962年初，约翰·格伦（John Glenn）成为首个进入地球轨道的美国人，这比苏联晚了近一年（Dunbar，2015a）。

“水星”计划共完成了20次无人飞行（尽管其中几次搭载了动物）和6次载人飞行任务。尽管苏联的载人任务比美国早，但是“水星”计划的战略和目标是非常明确和成功的。

3.3 “双子星座”计划

“双子星座”计划（图 3.2）是 NASA 于 1965—1966 年开展的载人航天计划，“阿波罗”计划实施前的又一个“预备”计划。相比于“水星”计划，“双子星座”计划升级了飞船，加大了乘员舱的体积，可以乘坐两名宇航员。宇航员队伍不仅包括“水星七人组”的所有宇航员，还成立了第二支队伍，称为“新九人组”，之后在 1963 年又选拔出了第 3 支宇航员队伍。“双子星座”计划的目标非常明确，主要是掌握和验证几项用于支持后续载人登月计划的任务。这些任务包括宇航员在飞船外的太空活动（出舱活动）；在太空中生活和工作数日；任务周期与后续往返月球周期相当；以及轨道交会，包括两艘飞船在轨交会对接。此外，还改进了再入技术，扩大了对特定地点特定着陆点的了解程度。这些新能力为“阿波罗”任务实现载人登月提供了必要的技术。（Hitt，2011）。

（a）

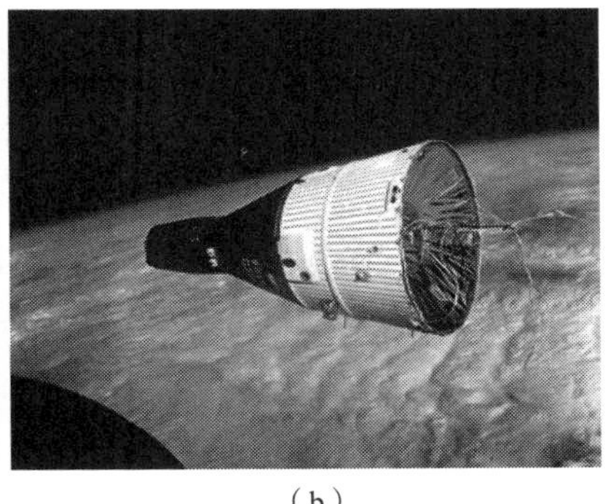

（b）

图 3.2　“双子星座”计划的宇航员和飞船

（a）宇航员；（b）飞船

（图片来源：NASA）

“水星”和“双子星座”计划也开始增强跟踪、遥测和遥控能力（TT&C），不仅使用地面跟踪站，还使用卫星和船载跟踪系统。美国政府批准的“国际通信卫星”2 号计划就是用于增强这种天基跟踪能力的。

3.4 “阿波罗”计划

美国公民普遍认为苏联在航天系统方面具有优势，新当选的肯尼迪总统以此为主要理由向国会提出了特殊请求。这位年轻的总统提议，到20世纪60年代末，美国政府将致力于将人送上月球并安全返回。肯尼迪总统提出的这项战略举措大胆而富有挑战性，并没有立刻得到国家和政治上的强烈支持，但为载人登月奠定了社会和政治基础，最终成就了雄心勃勃的“阿波罗”计划。虽然美国在太空竞赛中落后了，但这激发了美国人奋起直追的干劲，他们决心成为第一个将宇航员送上月球的胜利者。NASA立即增加预算，随着紧急的“阿波罗”计划的资金需求越来越大，NASA对“阿波罗”计划的预算也随即增加。NASA预算很快增加了近500%，“水星”“双子星座”和“阿波罗”计划很快成为美国最昂贵的科研项目。20世纪60年代，NASA的资金投入接近254亿美元（按2020年的经济水平计算，约2500亿美元）。“阿波罗”计划的参与人数超过了40万人，包括NASA内部雇员，以及大量的民用承包商雇员（NASA，“阿波罗”计划，2014年）。

3项载人航天计划的安排紧锣密鼓，让人们目不暇接。1961—1963年，NASA完成了“水星”计划。接下来是要求更为苛刻的“双子星座”计划，从1965年持续到1966年。之后“阿波罗”计划实施多次载人登月计划，直到1972年12月执行完最后一次任务。之后尼克松政府决定取消“阿波罗”18号、19号和20号飞船任务，停飞了“土星5号”运载火箭，结束了整个“阿波罗”计划。

与此同时，受到“阿波罗”计划捷报频传的影响，苏联的秘密登月计划（1990年解密）正在失去政治的支持。由于政府、技术和财务方面的困难，苏联政府航天组织内部局势紧张，同时，首席航天工程师谢尔盖·科罗洛夫（Sergey Korolov）于1966年意外去世，更使计划进一步推迟。1969—1972年，苏联曾尝试4次载人登月计划，但都以失败告终，当时并没有进行广泛宣传，最终苏联取消了登月计划（David，2011年2月7日）。

“阿波罗”计划也并非一帆风顺。在一次模拟发射任务中，搭载 3 名宇航员的“阿波罗”飞船指令舱内，由于线路短路导致舱内纯氧环境发生大火，3 名宇航员丧生。之后重组该计划，并把安全工程提到了首要位置。在执行了数次无人飞行任务之后，1968 年 10 月载有宇航员的“阿波罗”7 号飞船顺利发射升空。随后又成功完成了“阿波罗”8 号、9 号和 10 号飞船任务，至此，计划在 20 世纪 60 年代末实现载人登月的目标已近在眼前。“阿波罗”飞船指令舱和服务舱如图 3.3 所示。

图 3.3　月球上方的“阿波罗”飞船指令舱和服务舱

（图片来源：NASA）

1969 年 7 月 16 日，“土星 5 号”火箭运载“阿波罗”11 号飞船从佛罗里达州的卡纳维拉尔角成功发射，这次发射是载人登月的第一次尝试。美国宇航员尼尔 · 阿姆斯特朗（Neil Armstrong）、埃德温 · 奥尔德林（Ed-win“Buzz”Aldrin）和迈克尔 · 柯林斯（Michael Collins）登上了飞往月球的飞船。当尼尔 · 阿姆斯特朗在人类历史上第一次踏上月球时，他说了一句名言：“这是我迈出的一小步，却是人类迈出的一大步。”从一开始，美国公民就被这次登月之旅迷住了，电视转播使这一事件在全球迅速传开，近6亿观众观看了登月直播（Dunbar，2015a）（图3.4）。

图3.4 1969年“阿波罗”11号飞船宇航员尼尔·阿姆斯特朗登月的照片

（图片来源：NASA）

只有商业卫星通信才有可能满足这么大规模的全球观众。就在登月前10天，国际通信卫星组织将全球卫星网络中的“国际通信卫星”3号卫星从太平洋移到印度洋地区，以便全世界都能看到登月的直播。来自月球的信号首先被澳大利亚的“帕克斯”射电望远镜接收；然后转发到国际通信卫星组织的各个卫星地面站，这些卫星地面站可以连接到世界所有地区。电视信号发送到休斯敦的任务控制中心，并转发到世界各地的电视网络。最终，卫星提供了全球连通，创造了当时人类历史上最大的电视观众群纪录（Pelton等，2004年）。

这些开创性的卫星系统使“阿波罗”11号飞船宇航员成为世界英雄。虽然他们在月球上插上的是一面美国国旗，但登月活动显然代表了全人类。全球电视转播似乎使这一事件成为了全球共同的经历。全世界的成年人和儿童们都备受鼓舞，美国人民对这一非凡成就无比自豪。

对美国国内外的众多民众而言，NASA将宇航员送上月球就表明美国在与苏联的太空竞赛中获得了胜利。随后，美国政府对进一步的载人太空探索的热情迅速降温，但仍保留了最后一项重要的航天成就。

1975 年，美国和苏联在近地轨道上成功上演了一场联合太空任务——“阿波罗－联盟”号飞船交会对接。这项任务中，美国运送 3 名宇航员乘坐“阿波罗”号飞船进入太空，苏联运送 2 名宇航员乘坐苏联“联盟”号飞船进入太空。两艘飞船于 1975 年 7 月 17 日成功对接。这次任务的两名指令长：美国宇航员托马斯·斯塔福德（Thomas Stafford）和苏联宇航员阿列克谢·列昂诺夫（Alexey Leonov）实现了“太空握手”（Ezell，1978）。

随后，美、苏两国举行了联合任务签字仪式（图 3.5）。

图 3.5　美国和苏联于 1975 年签署“阿波罗－联盟”号计划联合任务文件

（图片来源：NASA）

随着美、苏政治关系逐渐改善，这次联合任务成为当时冷战即将结束的几个标志性事件之一，当然仍有人坚持认为直到 16 年后苏联解体时冷战才正式结束。

随着冷战的缓和，太空竞赛逐渐解冻，美国对太空探索的兴趣仍在继续，但速度慢了下来。公众对 5 次重复的登月任务不再那么兴奋，NASA 也失去了动力，这时的 NASA 需要新的目标。

尼克松总统并不打算制定另一个像“阿波罗”计划这样雄心勃勃的、

高投入的冒险计划。他把 NASA 视为竞相争夺纳税人钱的国内政府机构之一，经费投入上不再具有优先性。尼克松总统的太空理论对美国载人航天产生了持久影响，此后几十年人类足迹一直限制在低地球轨道（Logsdon，2008）。

3.5 “航天飞机”计划

经过深思熟虑后，1970 年尼克松总统决定取消后续的“阿波罗”18 号、19 号和 20 号飞船 3 次登月任务，把省下的经费转移到一个新的可持续项目上：创造部分可重复使用的航天器，航天器命名为“航天飞机”，项目命名为“空间运输系统”（STS）（图 3.6）。航天飞机能够往返于低地球轨道。1981—2011 年，航天飞机共完成了 135 次飞行任务。1986 年“挑战者”号和 2003 年“哥伦比亚”号航天飞机发生了惨痛的事故，14 名宇

图 3.6 “空间运输系统”或航天飞机

（图片来源：NASA）

航员在事故中丧生，之前还有3名宇航员在“阿波罗1号”飞船火灾事故中丧生。相比之下，苏联只有4名宇航员在载人航天任务中丧生（Heppenheimer，2004年）。在这20年间，航天飞机还执行了几次在轨释放卫星任务，包括释放哈勃太空望远镜（HTS），以及哈勃望远镜维修任务。

从1988年开始，“航天飞机”计划也促成了航天国际合作领域的很多成就。其中欧洲的“太空实验室”（Spacelab）项目是最重要的国际合作项目之一，它是一个绕地球轨道飞行可重复使用的实验室。1983年开始使用航天飞机发射其部件。在“太空实验室”中，在微重力、人体机能、天文学、生命科学、轨道科学等多个领域进行了研究和科学实验。“航天飞机”项目在多学科背景下促进并在许多方面开创了航天国际关系的新先例。1983—1988年，航天飞机共执行了22次“太空实验室”任务，后来还为“国际空间站”发射了大部分部件。

3.6 空间站

1973年，NASA发射了一个名为“天空实验室”（Skylab）的空间站，用作科学实验室和太阳观测站。“天空实验室”项目共执行了3次载人任务，运送了3名宇航员到达空间站，在近地轨道进行了数百次物理和生命科学实验（图3.7），“天空实验室”最终于1979年再入大气层烧毁（Armstrong，2003年）。

继“天空实验室”之后，NASA又建造了多个“太空实验室”，包括“太空实验室”和“和平”号航天飞机（与俄罗斯“和平”号空间站合作的航天项目）。1981—1989年，时任总统的罗纳德·里根（Ronald Reagan）提出了“自由”号空间站的概念。尽管“自由”号空间站没有实际建造，但演变成了“国际空间站”的组成部分，里根总统邀请美国盟友和朋友参与计划的想法也被“国际空间站”采纳（罗纳德·里根总统，1984年1月25日）（图3.8）。

1998年年底，“国际空间站”开始建造，当时是比尔·克林顿总统第二总统任期。“国际空间站”取代了“自由”号空间站项目，为了与苏联和许多国家的航天机构合作建造，修改了“国际空间站”的运行轨道。

图 3.7 地球上方的“天空实验室”

（图片来源：NASA）

图 3.8 美国及其众多国际伙伴共同建造的“国际空间站”

（图片来源：NASA）

NASA、欧洲航天局（ESA）、日本宇宙开发事业团（JAXA）、俄罗斯联邦航天局（Roscosmos）和加拿大航天局（CSA）共同签署了政府间协议

（IGA），“国际空间站”正式成为这些航天机构的政府项目。“国际空间站”的第一个部件于1998年11月20日发射升空，自那以后，共有18个国家参与了“国际空间站”项目，共有来自20个不同国家的240多名宇航员到访空间站。“国际空间站”是一个足球场大小的在轨载人平台，近460吨重。经历了30多次建造飞行任务、历时十年多的时间，“国际空间站”终于完成建造。从2000年11月2日开始，美、俄宇航员开启了在空间站连续生活数月的任务。迄今“国际空间站”已经连续运行了20多年。

目前，“国际空间站”用作太空和微重力研究实验室，宇航员在“国际空间站”上开展各种实验。这些实验项目是由来自世界各地的研究科学家、学者和学生设计的，涉及的领域包括生物学、植物学、化学、人体生理、医学、气象学、天文学及其他众多领域。它还用作重要的微重力载人实验平台，为未来的月球、火星和其他深空目的地任务做准备。

3.7 “星座”计划

2003年，“哥伦比亚”号航天飞机失事后，为了重拾民众对载人航天事业的信任和热情，2004年1月14日，美国总统乔治·W. 布什（George W. Bush）宣布一项新的载人探索计划。早在2002年，NASA局长迈克尔·D. 格里芬（Michael D. Griffn）就促成了载人太空探索路线图的制定，称为“探索系统架构研究”。2005年，NASA授权法案规定该路线图正式生效，并命名为“星座”计划（Connolly，2006）。

NASA“星座”计划是低地球轨道以远的载人探索计划，将火星作为任务目标，并确定了安全有效实现该目标的必要条件。“星座”计划确定了3项设计基准任务：①研制“猎户座”飞船，运送宇航员到达“国际空间站”，在轨至少停留180天，然后将宇航员安全送回地球；②执行多次载人登月任务或7天月球短暂驻留任务；③执行载人月球6个月长期驻留任务，并建立月球基地（图3.9）。

在过去几代人心中，载人登月是美国已实现的能力，但“星座”计划要实现的载人运输系统可能会实现未来的载人火星之旅（Connolly，2014年11月4日）。

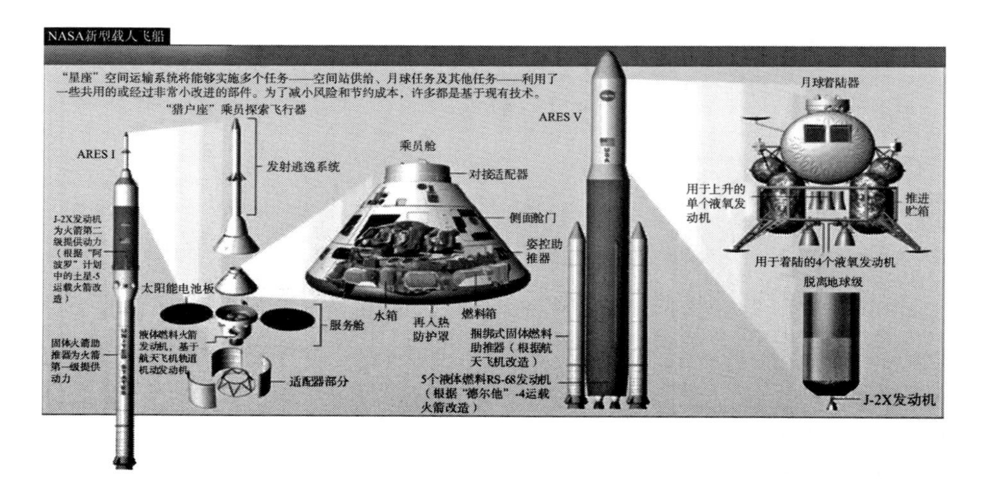

图 3.9 “星座”计划的许多组件

3.8 奥巴马总统的航天政策

2009 年奥巴马总统上任后，要求对当时的美国航天政策进行深入评估（图 3.10）。他指定成立了一个高级别委员会，由洛克希德·马丁公司前总裁兼首席执行官诺姆·奥古斯丁领导，许多知名航天专家参与，并最终形成了“奥古斯丁报告”，报告正式名称为“寻求适合伟大国家的载人航天计划”（Bonilla，2009）。

报告包括 3 个主要结论：①建议商业航天和“新航天”创业公司承担更多的低地球轨道任务的开发和创新活动，建议 NASA 把更多的低地球轨道任务转由商业公司实施，包括运送宇航员往返“国际空间站”；②他们认为当时的“星座”计划存在一些关键的缺陷，并建议停止“阿瑞斯”运载火箭和“猎户座”飞船的设计和制造，这些用于登月并最终飞往火星的航天器进度推迟，超出预算，缺乏足够的资金来实现既定目标；③委员会建议将资金不足和问题重重的“星座”计划改为成本较低的“灵活路径”计划，他们认为这个计划成本较低，更容易实现（Augustine 等，2009 年）。

图 3.10　在肯尼迪航天中心的奥巴马总统

（图片来源：NASA）

奥古斯丁委员会的目标是要确保 NASA 的太空探索之路既雄心勃勃，又长期可持续。然而，美国国会对奥古斯丁委员会重新设计航天计划的目标并不满意，因为国会已经批准了“星座”计划，也签署了数十亿美元的合同，包括“阿瑞斯”5 号运载火箭（现在的“空间发射系统”（SLS））和“猎户座”飞船项目。

2010 年，为了保护“星座”计划，美国国会选择将“星座”计划的部分内容纳入 NASA 新的计划中，包括“猎户座”飞船（深空载人飞船）和“阿瑞斯”5 号运载火箭计划（现更名为“空间发射系统”）计划。目前，“猎户座”飞船和“空间发射系统”计划仍然是预算超支、进度拖后。有些人建议使用私人火箭和飞船登月比继续资助空间发射系统和“猎户座”计划更有意义。但是要实现整个计划，这似乎不太可能。

奥巴马总统被这一建议弄得左右为难。他提出了新的计划，建议 NASA 在 2025 年前将宇航员送往近地小行星，并在 2030 年探索火星。此外，他还计划将“国际空间站”的寿命延长至 2024 年（美国总统奥巴马，

2010 年 4 月 15 日）。

不出所料，航空航天界和 NASA 的项目经理们对奥古斯丁委员会缺乏可信的建议和奥巴马总统的重大妥协感到非常失望。NASA 首席探索科学家约翰·康诺利（John Connolly）对奥巴马政府的政治决定表示担忧：

NASA 想知道他们将如何处理这些已经生产出来的零部件，真的不把它们装配到一起吗？没有真正的愿景，只是零零碎碎的计划。“目的地”一直是我前进的动力，但现在我的动力没有了。无论 NASA 在一个项目上投入多少资金或精力，白宫都可以停掉它（Connolly，2014 年 11 月 4 日）。

同样，“阿波罗”11 号飞船宇航员尼尔·阿姆斯特朗（Neil Armstrong）评论道：“当奥巴马总统公布他对 NASA 的预算时，他提议略微增加总经费……同时取消“星座”计划、“阿瑞斯”1 号和“阿瑞斯”5 号火箭以及“猎户座”飞船的决定是毁灭性的。”（Neil Armstrong，2010 年 4 月 14 日）

同样，“阿波罗”17 号飞船宇航员吉恩·塞南（Gene Cernan）也谈到了 2010 年奥巴马航天政策：

对于美国来说，这个近半个世纪一直领先的航天大国，即将要丧失载人到达低地球轨道及以远的能力，何时恢复也未知，注定美国将沦为二三流航天国家。虽然总统的计划设想了未来会实现载人深空探索，甚至到达火星，但没有先进的运载火箭和飞船，就无法实现这些目标（Cernan，2010 年 4 月 15 日）。

火星协会主席罗伯特·祖布林（Robert Zubrin）也在 2010 年《纽约每日新闻》的一篇文章中批评了奥巴马计划：

根据奥巴马的计划，NASA 将在未来 10 年内投入 1000 亿美元用于载人航天，没有设定任何目标。奥巴马总统要求到 2025 年实现载人到达近地小行星。如果奥巴马总统没有取消“阿瑞斯”5 号运载火箭，2016 年我们就可以到达小行星。但是总统在呼吁这个目标的同时，实际上终止了使之成为可能的计划。如果没有实际航天器提供的技能和经验，美国极有可能陷入漫长的下坡路，走向平庸。（Zubrin，2010 年 4 月 19 日）。

随着“星座”计划的取消、航天飞机停飞以及 2024 年“国际空间站”终止运行，NASA 的士气持续低落。很明显，重视载人太空探索的航空航天业内人士感到极度沮丧，因为他们在本届总统的航天政策中没有看到希望（Jackson，2010 年 4 月 14 日）。

不过，也有人对利用波音公司和 Space X 公司等私人企业开发向“国际空间站”运送宇航员能力的决定表示赞赏。还有人认为，削减 NASA 和其他国家民用航天机构的支出，是私营航天企业复兴的关键，并预测万亿美元的太空经济即将到来。如果不改变 NASA 的航天计划，这种情况很可能永远不会发生。因此，一些人看到了美国航天政策调整的积极一面。事实上，“新航天”革命开始在全世界产生反响。

3.9　一线希望

“一线希望”是为了强调悲观或不幸的情况中还有希望的一面。毫无疑问，奥巴马总统领导下的美国航天政策使一些美国公司，如太空探索技术公司（Space X）、蓝色起源公司（Blue Origin）和众多其他公司快速发展。商业航天项目有了巨大的发展，轨道 ATK 公司（现在的诺斯罗普·格鲁曼创新公司）和 Space X 公司都在向“国际空间站”提供商业补给任务，NASA 是他们的用户。此外，在奥巴马总统任期内，商业载人计划也取得了成果。

2014 年 9 月，NASA 与波音和 Space X 两家私营航天公司签署合同，合同内容是将美国宇航员运送到“国际空间站”。而内华达山脉公司之前也向 NASA 申请使用“追梦车”（Dream Chaser）号飞船运送宇航员，但没成功。NASA 一直在购买俄罗斯的载人运输服务，使用从哈萨克斯坦发射的“联盟”号飞船运送美国宇航员往返“国际空间站”。根据商业载人计划，2020 年或 2021 年开始，这两家私营航天公司需要各执行 6 次“国际空间站”载人任务。波音公司的飞船命名为“星际”飞船，Space X 公司将其飞船命名为“龙”飞船。9 位资深的美国宇航员被选为执行前几次飞行任务，他们的旅程将开启载人航天的新时代。NASA 一直在帮助波音公司和 Space X 公司，确保他们为宇航员开发和设计可靠、安全的飞船。如果这些商业公司能够成功实现 NASA 目标，这将为美国航天政策开创一个新的先例，并使 NASA 能够将重点放在低地球轨道以远和其他深空目的地的载人探索上。

前航天飞机指令长、宇航员克里斯·弗格森（Chris Ferguson）是波音公司商业载人项目负责乘员和任务运行的主管。他一直在向波音公司建议确保宇航员安全的每一个步骤。弗格森说：“更加强调安全是目前的事实。我们正在开发全容量的上升中止系统，以确保宇航员在整个任务过程中的安全，而这是航天飞机所没有的”（Anna Heiney，2018 年 8 月 6 日）。

这两家公司在 21 世纪创造出“星际”飞船和“龙”飞船，这将在载人航天历史上谱写出独特的篇章，对私人航天工业来说将是一个惊人的成就。Space X 公司首席运营官格温恩·肖特韦尔（Gwynne Shotwell）说：“Space X 公司的 7000 名员工明白，参与这个运送 NASA 宇航员的计划对我们而言代表着多么神圣的荣誉。所以，非常感谢，我们认真对待，我们不会让你们失望。”（Gwynne Shotwell，2018 年 8 月 3 日）

美国兴起的新一代载人航天活动以及全球范围内的新兴商业航天倡议，无疑将促进商业航天业务的经济增长，激发私营航天公司的重大创新，并巩固我们的全球合作伙伴关系。

参考文献

[1] Armstrong D.(2003). *NASA – Part 1. The history of skylab*. http://www.nasa.gov/missions/shuttle/f_skylab1.html. 6 Oct 2019.

[2] Augustine N R, et al.(2009). *Review of U.S. human space fight plans committee: Seeking a human space fight program worthy of a great nation*. September 17, 2019. http://www.nasa.gov/pdf/396093main_HSF_Cmte_FinalReport.pdf. Final Report. NASA.

[3] Bonilla D.(2009). *Review of U. S. human space fight plans committee.* http://www.nasa.gov/offces/hsf/home/index.html NASA. 12 Jan 2020.

[4] Cernan E.(April 15, 2010). *Open letter: Neil Armstrong, James Lovell and Eugene Cernan urge Obama not to Forfeit US Progress in Space Exploration.* https://www.theguardian.com/commentisfree/cifamerica/2010/apr/15/obama - nasa - space - neil - armstrong.

[5] Connolly J F.(2006). *Constellation program overview.* NASA constellation program offce. http://www.nasa.gov/pdf/163092main_constellation_program_overview.pdf. 6 Oct 2019.

[6] Connolly J F. *Personal interview.* NASA Johnson Space Center. 4 Nov 2014. David, L.(February 7, 2011). *New secrets of huge soviet moon rocket revealed.* Space.com.

[7] Dick S J.(2008). *Why we explore. The birth of NASA.* http://www.nasa.gov/exploration/whyweexplore/Why_We - 29.html. 7 Sept 2019.

[8] Dunbar B.(2015a). *About project mercury.* http://www.nasa.gov/mission_pages/mercury/missions/manned_fights.html. 12 Oct 2019.

[9] Dunbar B.(2015b). *Apollo 11 mission overview the eagle has landed.* http://www.nasa.gov/mission_pages/apollo/missions/apollo11.html. 12 Oct 2019.

[10] Ezell E C.(1978). The partnership: A history of the apollo - soyuz test project. http://www.hq.nasa.gov/offce/pao/History/SP - 4209/toc.html. 12 Oct 2019.

[11] Heppenheimer T A.(2004). *The space shuttle decision, NASA's search for a reusable space vehicle.* NASA History Offce. https://ntrs.nasa.gov/citations/19990056590.

[12] Heiney A.(2018). https://www.nasa.gov/feature/nasa - assigns - frst - crews - to - fycommercialspacecraft.

[13] Hitt D.(2011). *What was the gemini program?* NASA educational technology services. http://www.nasa.gov/audience/forstudents/k - 4/stories/what - was - gemini - program - k4.html. 12 Oct 2019.

[14] Jackson D. Obama's NASA policy: The white house vs. Neil Arm-

strong. USA Today. April 14, 2010. http://content. usatoday. con/communities/theoval/post/2010/04/obama – to – talk – policyafter – criticism – by – neil – armstrong/1. 12 Nov 2019.

[15] Logsdon J. M.(2008). *Ten Presidents and NASA: Richard M. Nixon*, 1969 – 1974. https://www. nasa. gov/50th/50th _ magazine/10presidents. html. 12 Oct 2019.

[16] NASA. (2014). Project Apollo: A retrospective analysis. http://www. nasa. gov/Apollomon/apollo. html. 10 Dec 2019.

[17] Obama B.(April 15, 2010). *Space exploration in the 21st century*. http://www. nasa. gov/news/media/trans/obama_ksc_trans. html. 12 Oct 2019.

[18] Pelton J N, Oslund J, Marshall P.(Eds.).(2004). *Satellite communications: Global change agents*. Mahwah: Lawrence Erlbaum Associates.

[19] Reagan R.(January 25, 1984). *President Reagan's statement on the international space station*. Excerpts of President Reagan's State of the Union Address. http://history. nasa. gov/reagan84. html. 6 Nov 2019.

[20] Russ D. "Neil Armstrong writes a letter to Obama, one that perhaps we should all read." Civilian Military Intelligence Group, April 14, 2010.

[21] Shotwell G.(2018). https://www. nasa. gov/feature/nasa – assigns – frst – crews – to – fycommercial spacecraft.

[22] Skytland N.(2012). NASA declassifcation management program: Corona program. msl. jpl. nasa. gov/programs/corona. html. 6 Nov 2019.

[23] Zubrin R. Obama's Failure to Launch. *New York Daily News*. April 19, 2010. http://www. Marssociety. org/portal/obamas – failure – to – launch/. 12 Oct 2019.

第4章 特朗普政府航天政策

大多数美国人认为载人太空探索是美国精神和创新的胜利，是建立全球领导地位的关键要素。特朗普政府和重新启动的国家航天委员会督促在5年内实现重返月球，营造了紧迫感。“阿尔忒弥斯”计划的目标就是重返月球并为火星任务奠定基础（图4.1）。

图4.1 特朗普总统签署新“航天政策指令”

2017 年 6 月，美国重启国家航天委员会，这显然是美国航天政策的重大变化。国家航天委员会由副总统担任主席，成员由总统内阁高级成员和联邦政府主要领导人组成。理事会成员包括国务卿、国防部长、商务部长、交通部长、国土安全部长、国家情报局局长、管理和预算办公室主任、国家安全顾问、国土安全顾问、参谋长联席会议主席、能源部长、总统经济政策助理、总统国内政策助理和 NASA 局长。

国家航天委员会还成立了一个高级别用户咨询小组，成员来自军方、宇航员大队、民用、商业和国家安全部门，他们与国家航天委员会成员一起分享经验和专业知识，促进航天技术应用在各部门间的合作，并对美国的航天战略起到重要指导作用。特朗普政府颁布了 5 项“航天政策指令”，阐述了旨在保证美国在太空探索领域仍处于全球领先地位的航天政策计划，2024 年前载人重返月球以及后续的火星的任务具有优先级（NASA “航天政策指令”1，2017 年 12 月 14 日）。

4.1 “航天政策指令”1

2017 年 12 月，特朗普总统签署了“航天政策指令”1，要求 NASA 将宇航员送上月球（图 4.1）。这项由美国主导的计划要求 NASA、私营部门和国际合作伙伴合作，“与商业和国际合作伙伴共同进行一项创新和可持续的探索计划，以实现人类在整个太阳系的探索，为地球带回新的知识和机遇。从低地球轨道以远的任务开始，美国将进行载人重返月球的长期探索和利用，之后实施载人前往火星和其他目的地的任务”。

特朗普总统说：“我今天签署的‘航天政策指令’将把美国航天计划的重点重新放在载人太空探索和发现上。这标志着 1972 年以来美国宇航员将再一次踏上月球，而且还要进行长期探索和利用。这一次，我们不仅要插上国旗、留下脚印，我们还将为最终的载人火星任务打下基础，当然也会有很多更远的目标地。”（NASA “航天政策指令”1，2020 年 12 月 14 日）

美国国家航天委员会主席、美国副总统迈克·彭斯（Mike Pence）也分享了总统的热情和关注。他说，“在特朗普总统的领导下，美国将重拾在航天领域的领先地位。正如总统所说，太空是美国下一个伟大的探索疆域，在美国的领导、勇气和鼓舞下扩展太空疆域，这是我们的责任，也是我们的使命”（NASA“航天政策指令”1，2020 年 12 月 14 日）。

与他的前任相似，特朗普总统最初要求 2017 年的预算保持稳定，用于 NASA 载人航天计划的许多关键项目的研制。这些项目包括“空间发射系统”计划，这是正在建造的可以将人类送上月球和火星的重型运载火箭，还包括用于月球以远任务的“猎户座”飞船乘员舱，以及商业载人计划的预算拨款。如前所述，这一商业载人计划旨在利用商业火箭和飞船运送宇航员往返“国际空间站”。直到 2020 年，美国还暂不具备将自己的宇航员运送到“国际空间站”的能力，被迫以每个座位约 8100 万美元的价格购买俄罗斯“联盟”号飞船的船票。

4.2 “航天政策指令”2

2018 年 5 月 24 日，NASA 发布了“航天政策指令”2，目的是简化私营企业参与航天工业的监管流程。它指出，“这是一项行政部门的政策，首先考虑的是在使用纳税人的资金时要谨慎负责，并明白政府的行为，包括联邦法规该如何影响私有资源。因此重要的是，行政部门采纳和执行的条例可以促进经济增长，最大限度地减少纳税人、投资者和私营企业的不确定性；保护国家安全、公共安全和外交政策利益；鼓励美国在商业航天方面发挥领导作用”（NASA“航天政策指令”2，2018 年 5 月 24 日）。

对许多美国宇航公司来说，获得批准和许可证的监管过程很复杂，因此有些公司转向那些流程简便的国家。“航天政策指令”2 旨在创造良好的监管环境，尽量减少繁文缛节，促进美国公司在美国本土经营。这项政策要求运输部长将这一职责移交给商务部，并为商业航天许可提供“一站式服务”——尽管这还未得到国会的资助。

4.3 “航天政策指令”3

为了解决空间物体拥挤的问题，特朗普总统签署了“航天政策指令”

3。目前，美国国防部跟踪到的空间物体有20000多个，其中只有2000来个是运行的卫星。在马绍尔群岛安装S波段雷达系统完成后，被跟踪到的物体数量预计将增加到30万个。随着未来5年低地球轨道小卫星星座的部署，即将发射大量的小卫星，空间碎片的数量预计将持续增加（NASA“航天政策指令”3，2018年6月18日）。

空间碎片可能是轨道上失效的卫星、废弃的火箭级、空间碰撞和反卫星武器试验的结果。仅仅与这些小物体中的一个相撞，对我们的宇航员以及目前在轨的卫星来说，都可能是致命性的。此外，“航天政策指令”3还倡议其他国家和商业运营商们要对空间交通管理、跟踪和处置负责。在这方面，它提出了避免在轨碰撞的实用准则。幸运的是，大多数小卫星星座的运营商都在计划在卫星功能结束时迅速清除碎片和失效的卫星。

4.4 “航天政策指令”4

最初，探索和利用外层空间是为了和平目的，但不幸的是，尽管《外层空间条约》的规定要求和平和非军事利用外层空间，但这一领域已越来越倾向于成为作战领域。目前，该条约对世界上绝大多数国家生效，其中第4条规定：“条约缔约国承诺不在环绕地球的轨道上部署携带任何核武器或任何其他种类大规模毁灭性武器的物体，不在天体上安装此种武器，或以任何其他方式在外层空间部署此类武器。本条约所有缔约国应将月球和其他天体专用于和平目的，禁止在天体上建立军事基地、设施和防御工事，试验任何类型的武器和进行军事演习”（NASA“航天政策指令”4，2019年2月19日）。

新的“航天政策指令”后面的内容涉及了外层空间战略的和潜在的军事用途。“航天政策指令”4指示国防部建立一支美国太空部队，该部队将成为美军的第6个分部，以便加强必要的资源来确保美国的国家安全，确保对太空资产的更大保护，并提供额外的太空防御能力。这项提案需要立法批准，使国防部能够建立和装备这一新的部队，以保护来自太空的任何威胁。

尽管有众多反对意见，2019 年 12 月 20 日，《2020 年国防授权法案》仍正式通过，将原空军太空司令部改为美国太空部队（USSF），作为美国空军的太空作战分支机构。美国太空部队的主要任务是“组织、训练和装备太空部队，以保护美国和盟国在太空的利益，并为联合部队提供太空能力。它的职责包括培养军事航天专业人员，获取军事航天系统，完善太空力量的军事理论，并组织太空部队向作战指挥部报告。”

提高军事卫星的弹性非常关键，可为导弹攻击和精准打击提供安全的通信、导航、预警系统。令人遗憾的是，外层空间已成为作战领域，而这里将是人类生存的新世界。

4.5 “阿尔忒弥斯”计划

NASA、白宫和国家航天委员会目前正在实施一项计划，计划在 2024—2025 年载人重返月球，计划的目标是实现人类在月球表面的永久存在。这个计划命名为“阿尔忒弥斯”计划，灵感来源于希腊神话中的月亮女神，也是阿波罗的孪生姐妹。这项计划用女神名字命名并非偶然，因为 NASA 计划把首位登月女宇航员送上月球表面。新的着陆点将是月球南极，这样选择主要是因为那里有大量的水冰。如果可以利用这些水冰，人类可以在月球上停留更长的时间，如果有适当的处理能力，也可能将水冰转化为火箭燃料。

未来的“阿尔忒弥斯”计划不仅需要技术发展，也会提出监管和法律问题。关键问题可能集中在 1967 年的《外层空间条约》及其后的《关于各国在月球和其他天体的协定》（简称《月球协定》）是否限制甚至可能阻止从月球上开采资源，除非签订了某种形式的国际协定，各方可以共享水/冰等月球资源。《月球协定》自 1979 年生效以来，还没有任何从事载人航天的国家批准过它，与国际法也没有任何关联。过去 3 年中，美国、阿拉伯联合酋长国和卢森堡纷纷通过了国家立法，确立这些国家和本土的公司从月球和其他天体上开采资源的合法性。迄今为止，《外层空间条约》和《月球协定》从未对可能实施的太空开采应具备的条件作出明确解释。

随着旨在在月球建立人类长期驻留的“阿尔忒弥斯”计划以及一些私人倡议计划的实施，解决与空间资源利用有关的法律和监管问题将变得越来越重要。

NASA之前已经确定了新载人登月计划的初始计划，瞄准2028年这个比较宽松的时间节点，但按照特朗普总统最新的要求，需要NASA在2024年实现载人登月。彭斯副总统果断表态：“我们必须在5年内实现重返月球，别无选择。”这番话彻底打击了NASA的自满情绪，向NASA的领导、员工和承包商们敲响了警钟。NASA再也不能像以前那样一而再地超支成本预算、节点延期以及充斥根深蒂固的官僚作风。“我们将呼吁NASA不仅要执行新的政策，还要转变心态。要设定大胆的目标，也要按计划行事。NASA必须转变为更精简、更负责、更灵活的机构。如果NASA觉得无法在5年内将美国宇航员送上月球，那我们需要改变的是组织，而不是任务”（纽特·金里奇，2019年3月30日）。

“阿尔忒弥斯”计划和NASA的月球任务目标是明确的。NASA的复兴将推动美国探索太空新疆域，还会与商业公司和国际合作伙伴合作。如果“阿尔忒弥斯”计划能够实现，美国将能够实现可持续的人类存在、新的科学发现，并能验证大量的先进技术。这些成果将为人类踏上火星和更远的目的地奠定基础。

4.6 “阿尔忒弥斯”体系架构

“阿尔忒弥斯”1号任务的第一阶段任务计划于2021年从肯尼迪航天中心发射，这次任务原本计划在2020年年底发射，因故推迟。此次发射是装载有“猎户座”载人级别乘员舱的“空间发射系统”火箭的非载人实验飞行任务，将持续约3周（图4.2）。

这次实验飞行任务将飞越月球数千英里/千米以远。如果“阿尔忒弥斯”1号成功了，将在2022年或2023年执行“阿尔忒弥斯”2号任务，使用“空间发射系统”和“猎户座”飞船运送宇航员进行环月飞行。“空间发射系统”有两种构型（图4.3）：用于载人任务的“Block”1B载人和

图 4.2　航天发射系统

（图片来源：NASA）

"Block" 2B 载人构型；以及用于货物运输的 "Block" 1B 载货和 "Block" 2B 载货构型（Artemis 1，2020 年 2 月 3 日）。

"阿尔忒弥斯" 3 号任务计划于 2024 年将实现载人登陆月球表面。宇航员将乘坐月球着陆器登陆月球，该着陆器有可能在 NASA 的监督下由美国私营公司建造。

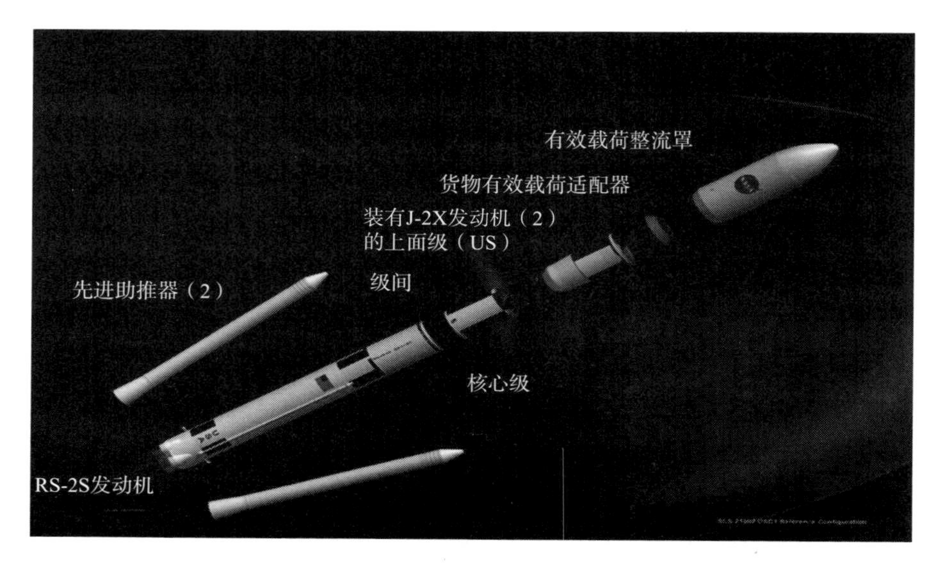

图 4.3 运载能力 130 吨的“空间发射系统”货运构型

（图片来源：NASA）

4.7 “月球轨道平台门户”计划

“阿尔忒弥斯”计划也得到“月球轨道平台门户”（LOP－G）计划的支持；尽管该计划仍在考虑之中，也有可能被取消。在 NASA 宣布推迟“月球门户”计划期间，载人探索与运行任务事业部（HEOMD）前负责人道格·洛维罗（Doug Loverro）表示，“2026 年前，不会有任何一个国际合作伙伴准备在‘月球门户’任务上做任何事”（Loverro，2020 年 3 月 13 日）。

计划的改变和新的时间表将节省时间和降低成本，并使 NASA 能够推进其雄心勃勃的 2024 年登月计划。通过简化这一计划，美国不需要担心研发新技术或试验新的航天系统，还降低了大量的风险。

不过，在这些政策决定最终确定之前，我将简要介绍“月球门户”计划。该计划是要建造绕月球轨道运行的、舱段式构型的月球空间站。首先发射核心舱，用于对接无人航天器、望远镜、科学设备以及加油站，也将成为最多可容纳 4 名宇航员的短期居住舱。NASA 将与其国际和商业合作伙伴共同开发“月球门户”计划，该计划由 4 个舱段组成。

第一个舱段是“太阳能－电能和推进舱”（PPE）。PPE 将作为指挥和通信中心，能够实施轨道转移，并用作往返月球的运输舱。

第二个舱段命名为“最小居住舱”（MHM），顾名思义，它如同一个小型空间站，装有“猎户座”飞船使用的生命保障系统，可供 4 名宇航员在轨驻留 30 天。

第三个舱段称为“门户后勤舱”，主要用于后勤保障以及月球空间站的燃料补给。此外，后勤舱还会装有加拿大航天局研制的先进机械臂——“加拿大机械臂”3 号。

第四个舱段是“门户气闸舱”，用于宇航员在空间站外执行任务——舱外活动（EVA），尽管“月球门户”计划还没有确定具体的发射日期。

“月球门户”计划将用于众多科学领域研究，包括天体物理学、行星科学、医学、生物学、植物学、太阳物理学、人体健康等。一旦 NASA 把宇航员送上月球之后，就会开始进行更多的科学实验（图 4.4）。

图 4.4　完整的“月球门户”计划

（图片来源：NASA）

“阿尔忒弥斯”计划重新启动了美国的航天计划，并制定了明确而聚焦的目标，计划将人类存在扩展到低地球轨道以远。本届政府为 NASA 提供了深思熟虑的愿景，也有益于国际和私人合作伙伴。开展可持续的载人和无人太空探索将极大地造福于地球，促进经济增长和科学进步，在我们的星球上创造更好的生活，以及人类生存的可持续扩展。

参考文献

[1] Artemis 1 Overview，NASA. https://www.nasa.gov/artemis-1. Last accessed 3 Feb 2020.

[2] Gingrich N. (March 30，2019). https://www.gingrich360.com/2019/03/making-the-trump-pencespace-challenge-a-reality/. Last accessed 18 Feb 2020.

[3] Loverro D. (March 13，2020). https://spacepolicyonline.com/news/gateway-no-longer-mandatory-for-2024-moon-landing/. Last accessed 27 Mar 2020.

[4] NASA. President signs new space policy directive. https://www.nasa.gov/press-release/new-spacepolicy-directive-calls-for-human-expansion-across-solar-system. Last accessed 20 Feb 2020.

[5] US Space Policy Directive-1. Space News. December 14，2017. https://spacenews.com/tag/spacepolicy-directive-1/. Last accessed 3 Feb 2020.

[6] US Space Policy Directive-2. (May 24，2018). https://www.whitehouse.gov/presidential-actions/space-policy-directive-2-streamlining-regulations-commercial-use-space/. Last accessed 3 Feb 020.

[7] US Space Policy Directive-3. (June 18，2018). https://www.whitehouse.gov/presidential-actions/space-policy-directive-3-national-space-traffc-management-policy/. Last accessed 3 Feb 2020.

[8] US Space Policy Directive-4. (February 19，2019). https://www.whitehouse.gov/presidentialactions/text-space-policy-directive-4-establishment-united-states-space-force/. 9. Last accessed 13 Feb 2020.

第5章

月球和火星：两者的比较

尽管埃隆·马斯克设想人类在火星上生活和工作，而NASA及其合作伙伴正准备将宇航员送回月球。探索其他天体的活动会使全人类受益，我们的宇宙是令人敬畏的，当我们仰望星空时，无法否认它是多么的宏伟和令人印象深刻！正是这种魅力，促使我们支持我们的国家航天机构探索未知的举措。是的，我们曾经去过月球，也在梦想着能去火星。但哪个目的地是最佳选择呢？本章将通过比较两个目的地的不同以及需要解决的难题来寻找答案。我们需要研究它们都有哪些资源、与地球的相似度、土壤成分、大气和天气、温度、引力问题以及许多其他的因素，以做出合理和合乎逻辑的结论（图5.1）。

美国领导的“阿尔忒弥斯”计划（目前也包括“月球门户”计划）有许多国际和商业合作伙伴。如上所述，这一计划的目的是尽快运送宇航员返回月球，作为向火星运送宇航员过程中的重要一步。开创性的Space X公司希望直接前往这颗红色星球，尽管美国大众对这两种选择没有明显的倾向性，但他们确实认为载人探索火星不仅是需要完成的壮举，也是值得实现的目标。什么是正确答案呢？也许没有简单的对错。恰当的提问应是：在目前的地缘政治和经济环境下，哪个目标在技术和经费上是可行的？这两个有价值的目的地是有差异的，对它们进行比较分析可能会发现一些线索，弄清楚目前哪个目的地是最好的选择。

图 5.1　地球和火星的大小比较

（图片来源：NASA）

5.1　距离

月球距离地球 238 000 英里（约 38 万千米），单程路程大概需要 3 天，比火星近多了。目前的火箭技术足够先进，可以运送人类往返月球，因此载人月球任务没有太大困难，也相对安全，而且距离近可以节省大量的燃料成本。使用现有火箭，在人到达月球之前，可以把生活工作必需的所有物资都提前运送到月球。

即使是强大的“土星 5 号”也只能运送 3 名宇航员到达月球轨道，“阿波罗”飞船的体积也比较小，相当于一辆小型面包车（高 3.2 米，宽 3.9 米）。试想一下，要研制前往火星可以容纳 4 名宇航员居住 6 个月的飞船，以及装满足够燃料的火箭是有多大难度。当然现有火箭可以把火星车送到火星，但是要载人到达火星，就需要巨大的吨位来运送宇航员所必需的补给和所有保障系统，以确保安全的旅程。而且，在这颗红色星球的表面停留了一段时间之后，你还必须拥有足够大的火箭和燃料将宇航员安全送回地球（Ridley，2017 年 10 月 18 日）。

5.2　引力

引力是一种把一个物体拉向另一个物体的力，就像太阳对太阳系的所有行星都有引力一样。这种看不见的力量使我们的双脚牢牢地站在地面上，吸引住大气层，调节我们赖以生存的空气。尽管科学家不能确切地告诉我们什么是引力，但在人类太空探索中，引力是一个需要考虑的重要因素。

月球的引力约为地球引力的六分之一，也就是说，如果你在地球上的体重是 150 磅（约 68 千克），那么你站在月球上的体重就变成了 25 磅（约 11 千克）。这对于维持人体的骨密度和强壮的肌肉来说并不理想。一方面，火星拥有地球 38% 的引力，这在生理上对人体来说要好得多。如果你在地球上的体重是 150 磅（约 68 千克），那么你在火星上的体重就是 57 磅（约 26 千克）。许多专家认为，人类实际上可以通过进化来应对火星引力的长期影响。但月球较小的引力因素会导致骨骼和肌肉质量的快速恶化，使长期居住更加困难。另一方面，月球低引力的优势使其成为火箭进入深空旅行的有效发射场，因为它需要更少的燃料来逃离月球引力。但火星需要更多的燃料才能把我们的宇航员送回到地球或更远的太阳系。

5.3　大气

月球和火星之间的大气差异非常显著，是在选择目的地时的主要考虑因素。月球几乎没有大气层或天气，也不能提供任何防止宇宙辐射的保护。探险家们在火星表面是有可能生活的，但在月球上他们只能生活在月面下面的洞穴中，或是生活在具有强辐射防护功能的地上住所内。另外，因为月球上没有大气层，所以没有风或天气。这使得月球受阳光照射的一面温度非常高，而月球的“夜晚”则极为寒冷。

火星有稀薄的大气层，可以对太阳粒子和宇宙辐射起到一定的防护作用。空气主要由二氧化碳组成，这对植物来说很友好，但显然对火星居民和宇航员来说就不太友好了。有了大气层，就有了风和天气，使白天和夜晚的温度比月球稍好一些，但风可能引起剧烈的沙尘暴，宇航员必须备好掩体，当然风也可以被用来获取能量。人们可以住在地上的加压居住舱内，这比在月球上住洞穴要好得多。这样看，火星无疑更适合人类居住，因此对于扩展人类居住地来说，火星是更好的选择。

5.4 温度

月球探险者们会在月昼遇到极高的温度（250℉，约121℃），在月夜抵御非常寒冷的温度（-380℉，约-229℃）。大约600℉的剧烈温差对宇航员及其设备产生了巨大影响。可以适于月球这种14个昼夜温差交替的生命保障系统、运输器、机器人、电池和宇航服等的研制工作都非常具有挑战性。想想看，如果你住在墨西哥坎昆的热海滩上，14天后突然又住在了南极洲，那会有多困难。这种温差变化是很大的难题（Ridley，2017年10月18日）。

火星日对人类来说更正常一些，白天的温度达到（80℉，约27℃），但在两极的夜晚温度下降到接近（-200℉，约-129℃）。这种温度变化只有约300℉的差异，这对于火星探险家们以及研制必要的设备和系统来说可能更容易一些（图5.2）。

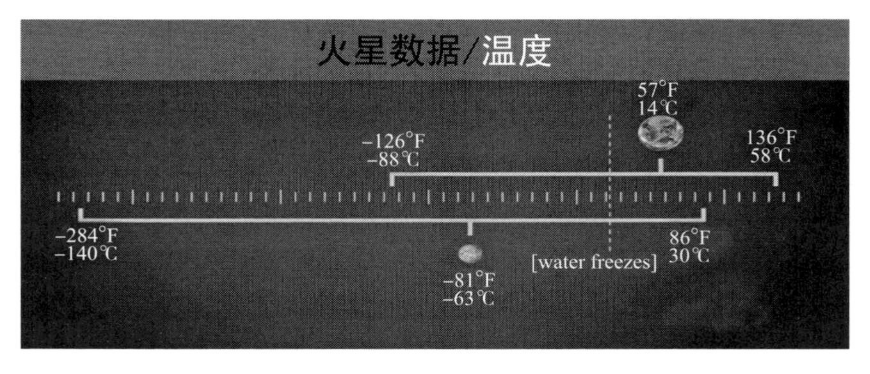

图5.2 火星和地球的温度对比

（图片来源：NASA）

5.5　昼夜交替

月球和火星上白天和夜晚的长度相比有很大的不同。月球绕地球转一圈所需的时间接近于 28 个地球日。“白天”大约持续光照 14 天，接下来是 14 天的极端黑暗。28 天的阴光交替使得种植作物变得非常困难，因此温度变化过大对人类来说是一大挑战。种植作物可以通过专门的温室来完成，这种温室允许阳光照射，阻挡有害辐射，并调节温度以实现最佳的植物生长和繁殖。也有办法可以解决 14 天更替的问题，那就是在月球两极建立基地，那里的光照或黑暗是恒定的。

火星的昼夜循环更像地球，因为火星的一天是 24 小时 39 分。红色行星的倾角与地球相差 0.5°以内，这产生了季节的变化。但由于稀薄的大气层、每天的温度变化和太阳辐射，还是只能在室内温室中种植植物，当然还可以选择水培种植（无土植物生长）。

5.6　土壤和风化层

如果人类要在其他天体上长期生存，种植食物是必需的。想想好莱坞电影《火星救援》(The Martian）吧，马特・达蒙（Matt Damon）扮演的宇航员找到了种土豆的方法，才使他在火星上活下去。月球的表面和灰尘称为表土，对宇航员和设备威胁很大。但是，科学家们利用 NASA 批准的人造月球土壤项目开展了植物生长实验，以探索在月球上进行农业活动的可能性。这种人造表土与其他有机材料混合，用于试验供人类食用的 10 种植物的生长情况，包括西红柿、豌豆、韭菜、藜麦、萝卜、黑麦、洋葱、菠菜和水芹。结果表明，除了菠菜以外，所有的植物都能茁壮成长。

NASA 批准的模拟火星土壤的项目也开展了类似的实验，这种土壤中掺有有机化合物。这些植物在火星土壤混合物中的表现要比在月球混合物中好得多。科学家们能够种植西红柿和萝卜等，并收获种子生产第二批作物。

虽然这取得了巨大的成果，但要想在这两个天体上真正实现农业，还要做大量的研究工作。在这个实验中，只考虑了土壤，还没有考虑极端温度或昼夜循环等因素。但这是积极的进步，也是迈向“地外”生存的又一非凡进步（Nield，2019 年 10 月 18 日）。

5.7 通信和传输

由于火星和地球之间的距离太远，无线电信号需要很长时间传输。通过功率更强的无线电或更快的计算机都无法改善这种延迟。根据火星与地球的距离，通信可延迟 4 ~24 分钟。如果火星位于太阳轨道上地球的一侧，则延迟时间较小；但如果火星位于另一侧，则延迟时间将接近 24 分钟。信号只能以光速传播，这是目前已知的宇宙中最快的传播方式了。

光以 18.6 万英里/秒的速度传播，按照这个速度，2 秒内人可以绕地球 7.5 圈或者到达月球。这些数字可以给我们直观的感受：火星实在是太远了！这给火星探测造成了极大的困难，很难实现实时通信。事实上，NASA 在处理航天器事件时间时使用两个不同的时间：航天器事件时间（SCET），是实际运行航天器上的 UTC 时间；以及地球接收时间（ERT），是指地球深空网络（DSN）终端接收信号的时间。

经初步评估，显然火星是更适合人类居住的星球，也是人类向往的地方。但距离的问题是目前最大的致命因素。地球和火星在轨道上位置对齐且在太阳同一侧时距离最近，约 4600 万英里（约 7400 万千米），即使这个最近的距离，使用目前的火箭系统也需要 6 ~8 个月才能到达火星。一旦宇航员抵达火星，他们至少需要在火星上待一年或更长的时间，因为要等待地球和火星再次进入相对较近的轨道位置。简而言之，如果前往火星的宇航员遇到问题，就不可能从地球上发射快速救援和运回地球的任务。同时这对宇航员生理和心理上也造成了巨大的压力。引力效应会导致骨骼和肌肉的损失，太阳和银河系的辐射会导致癌症，因为稀薄的大气层无法提供足够的保护来抵御这些有害影响。此外，保障任务所必需的食物、水、燃料和药品的总量也令人望而却步。这还不包括极具挑战性的进入、下降和着陆（EDL）系统，该系统须能够运送相当于目前机器人火星探测任务 10 倍重量和体积的载荷（Herath，2011 年 4 月 18 日）。

由于距离月球很近，还在极地区域发现了数百万吨的水冰，因此目前来看月球可能是最好的选择。这种冷冻水经过处理和净化后，可以为人类提供赖以生存的水资源，如果水被分解成氢和氧，就可以用作火箭燃料的天然资源。因为距离月球只有 3 天的路程，如果宇航员、设备或飞船出了问题，营救和返回都是可行的。而且之前的机器人和载人探索任务中早已解决了只有 2 秒的无线电信号延迟问题。通过本章的比较，可以看到载人登月是 21 世纪 20 年代更为合理和安全的选择。

参考文献

[1] Herath A K. “Why is it So Hard to Travel to Mars?” Astrobiology Magazine, April 18, 2011. http://m. space. com/11417 - Mars - mission - space - travel - challenges. html. Last accessed 10 Feb 2020.

[2] Nield D.(October 18, 2019). Peas, quinoa and 7 other crops grown successfully in soil equivalent to Moon and Mars. https://www. sciencealert. com/experiments - show - soil - from - the - moon - andmars - could - support - crops. Last accessed 13 Feb 2020.

[3] Ridley A.(October 18, 2017). Is it better to live on the moon or on Mars? A scientific investigation. https://qz. com/1105031/should - humans - colonize - mars - or - the - moon - a - scientifc - investigation/. Last accessed 11 Feb 2020.

第6章 心理学和生理学视角

1976年，NASA实施“维京”1号探测器任务以来的40多年里，NASA成功实施了一系列无人探测器着陆火星任务。“好奇”号火星车于2012年着陆火星盖尔坑，这是NASA第7次无人探测器火星着陆任务，2018年11月“洞察”号火星车着陆火星，这些任务大大激励了美国民众，引发了他们的关注。

2012年5月，NASA组建了一个研究小组，提出了在2033年以前载人登火星的初步目标。这一目标需要付出高昂的代价，同时也面临一系列令人烦恼的挑战。除了技术和政治上的挑战，与早期的7个机器人探测任务不同，人类前往火星旅行需要食物、水、防护住所、医疗用品、娱乐、友情，当然还需要一张返回地球的返程票。这一章涵盖了成功的载人火星计划需要解决的一系列独特的问题。相比之下，载人登月面临的挑战要少一些。

6.1 心理影响

分离、长期隔离以及与宇航员同住较长时间的心理问题是必须要解决的难题。虽然“阿波罗”号飞船的任务持续了一周，但宇航员们随时可以捕捉到地球的景色，他们也知道距离地球只有3天的路程。虽然宇航员在“国际空间站”上要驻留6个月，但他们可以从窗户看到熟悉的地球，知道他们可以安全返回地球。然而，去火星旅行可不是这样。每隔26个月才有一个短暂的离开地球的最佳时间，往返行程加上停留时间，预计将持续2~3年。当飞船向火星行进时，地球逐渐变成一个小点点，最终消失在由数十亿颗闪烁的恒星组成的浩瀚宇宙中。

宇航员们去火星不仅仅是为了插上一面国旗、在火星表面捡起一些石头、做一些实验，然后像“阿波罗”飞船那样离开。往返火星需要花费一年多的时间，还要在火星停留一段时间来研究尚未揭示的火星奥秘。为了了解宇航员可能遇到的心理影响，来自俄罗斯、欧洲航天局和中国的宇航员们参加了2007—2011年在莫斯科进行的“火星500实验”。这个项目模拟了一次520天的往返火星之旅，志愿者们在模拟任务环境中生活和工作。通过这项实验，形成了大量关于长期生活在狭小环境中的人们的心理和社会影响的有价值的数据。研究过程中，设置了25分钟与外界通信的延迟、食物和其他消耗品的供应有限等条件。有些宇航员报告说，他们的睡眠和锻炼都有问题，会在一种类似冬眠的状态下彼此隔离。但是没有关于发生冲突的报告，宇航员们遇到任何困难都一起解决。总的来说，宇航员们彼此都很友好，文化和语言差异没有造成任何重大问题。当然这个实验不能模拟宇宙辐射和失重的影响。

当然，还有另一种载人火星方案，就是有去无回，只负责把人送上火星。这个计划称为“火星”1号，被大肆宣传，但这并不是一般意义上的可行计划。“火星”1号网站将其目标概述如下：

“火星”1号的目标是在火星上建立永久人类定居点。通过几次无人任务，建立一个可居住的定居点，之后运送经过精心挑选和训练的乘员前往火星。为这项计划提供资金并加以实施并非易事，是很困难的。“火星”1号小组将在其顾问和已成立的航空航天公司的协助下，评估和降低风险，并逐步克服困难（“火星”1号，2020年2月3日）。

6.2 生理影响

尽管航天机构已经实现载人航天50多年了，但我们并没有完全了解太空旅行对人体的不利影响。其中包括暴露于辐射和失重状态的影响，这可能导致癌症、骨质流失、肌肉萎缩、视力受损、心脏和循环系统问题以及可能的脑损伤。

NASA 最近对宇航员斯科特·凯利（Scott Kelly）和他的孪生兄弟马克进行了一项研究。这对双胞胎同意参加为期一年（实际上是 340 天）的研究，这项研究用于评估长时间太空旅行的影响以及人体对失重和辐射的反应。斯科特·凯利于 2016 年 3 月 1 日从太空返回后，对他和留在地球上的哥哥马克的测试仍没有结束。这项研究工作主要测试和比较两兄弟的肌肉和骨骼的流失、视力问题以及运动和平衡能力。这项研究有助于 NASA 更远的载人深空任务（Dunbar，2016 年 1 月 19 日）。

但在进行火星之旅时有很大区别，因为进入深空的长时间任务会遇到不同类型的辐射。斯科特·凯利仅在低地球轨道执行任务，地球的磁场保护宇航员免受在深空中可能遇到的更严重的辐射。“国际空间站”上宇航员受到的辐射量是地球的 20 倍。但是前往这颗红色星球的旅行过程中所受到的辐射量可达到人体正常辐射量的 300 倍（Yuhas，2016 年 3 月 5 日）。

在低地球轨道以远，人类将遭遇银河宇宙射线和太阳粒子事件。NASA 的科学家们对太空中的辐射还没有足够的了解，他们很难预测辐射对飞行航天器内的宇航员的影响，以及对宇航员在火星驻留期间的威胁。据 NASA 载人航天体系团队前副总设计师布雷特·德雷克（Brett Drake）称，NASA 可以通过在航天器和火星栖息地外建造防护罩来减少太空辐射的影响。德雷克认为，NASA 需要一种改进的方法能够预测到危及生命的太阳耀斑何时出现，它的辐射剂量极高，这样在需要时宇航员就可以躲避到特殊的避难所中（Drake，2012 年 11 月至 12 月）。

“好奇”号火星车携带了辐射评估探测器到达火星，这个探测器在从地球到火星的过程中也一直在工作。研究人员确定，参与火星之旅的人们，他们患癌症的风险将增加 5%，这比 NASA 对宇航员受影响的限制数值要高。深空辐射的危害性非常大，会影响到人的一生（图 6.1）。

据曾参与高辐射任务的 36 名前“阿波罗”号飞船宇航员报告，长期接触太空辐射可能导致白内障。在地球上，白内障手术是比较常见的手术，但火星上可做不了这种手术。“国际空间站”的宇航员普遍出现视力

图 6.1　红色星球上的“好奇”号火星车

（图片来源：NASA/JPL）

受损的情况。加拿大宇航员鲍勃 · 蒂尔斯克（Bob Thirsk）保持着加拿大宇航员最长在轨飞行时间（187 天）和最长的太空驻留时间（204 天）的纪录，他的视力明显下降。这种情况在执行长期任务的宇航员中比较常见；但是，这种损害是永久性的（Seedhouse，2016）。

“国际空间站”宇航员遇到的另一个问题是骨质疏松和肌肉萎缩，他们在站上长期驻留期间，平均每月会损失约 1.7% 的外骨骼质量和 2.5% 的内骨骼质量。即使经过一年的康复，他们仍会有明显的骨质疏松。尽管在太空中每天进行剧烈的运动，肌肉还是会萎缩。这些原来健康的宇航员刚返回到地球时，他们几乎不能站立或行走，必须接受康复治疗（Seedhouse，2016）。

单单考虑这几个心理和生理问题，在火星进入、下降和登陆火星表面时宇航员的身体就会变得比较虚弱。想象一下，这时候再让他们执行各种任务是有多么困难，而这也只是在执行火星任务之前必须解决的心理和生理挑战中的一小部分问题。这就是为什么在地月空间和月球表面进行“彩排”对成功的火星之旅至关重要的原因。

参考文献

[1] Drake B.(2012). The deferred dreams of Mars. MIT Technology Review, 13 (05), 10.

[2] Dunbar B.(January 19, 2016). Twins study. NASA. https://www. nasa. gov/feature/nasa - s - twinsstudy - results - published - in - science. Last accessed 12 Jan 2019.

[3] Mars One.(2020). http://www. mars - one. com.

[4] Seedhouse E.(2016). Mars via the Moon: The next giant leap. Cham: Springer Praxis Books.

[5] Yuhas A. Marathon space fight just the start for Scott Kelly, Walking Science Experiment. Guardian, March 5, 2016.

第7章

太空探索的技术挑战

7.1 概述

NASA 需要并计划了用于探索多个太空目的地的一系列关键技术，目的地可能包括月球、火星、小行星以及木星的卫星。当 NASA 有了明确的目的地目标，关键技术和能力就会驱动发展，使美国及其他太空探索国家受益。NASA 将重点放在这些技术上，以便开发出具备探索多个目的地能力所需的设备。该体系架构包括运输系统、任务运行、居住结构、人体生理和心理健康的保护系统以及建造相互关联和不断发展的基础设施的目的地系统。随着这些系统的成熟和完善，它可以保证从低地球轨道到月球、火星和其他目的地的无缝过渡。

为了实现去往火星或者更远地方的目标，攻克技术挑战是非常现实的。月球可能是用于技术验证的最佳场所。如果我们掌握了地球空间以及月球表面所需要的探索技术，那么不仅可以为进一步的太空探索验证所需的技术，也可以将月球作为合乎逻辑的中转地。NASA 可以在距离地球最近的天体上研究安全运行相关的问题，可以支持未来几十年的任务，希望这一战略将开辟通往火星的道路。月球也是用于开展研究、探索和其他有益活动的可负担得起和可持续的目的地。这些载人和机器人太空探索活动将持续很多年，不仅只有美国，印度、中国、欧洲、日本、加拿大、俄罗斯和其他几个国家也是参与者。

NASA 已经确定了一系列用于探索低地球轨道以远以及在太阳系内扩展人类存在所必需的技术列表。用于低地球轨道以远任务的运输系统是必备技术之一，这些系统包括地面设施（从地球发射航天器的设施）、“空间发射系统”和“猎户座”乘员舱。太空探索任务需要研制一种在空间推进和电源、辐射防护、光通信、太空探索导航和交会等方面具有高效率的火星运输器。

到达后，必须有比目前机器人探索任务运输能力大得多的进入、下降和着陆系统。天体表面的发电系统也是至关重要的，用于满足载人探索目的的电源需求。宇航员还需要长期居住舱，其中包括生命保障系统、辐射安全系统、气候保护和乘员健康医疗辅助系统。目前，“国际空间站”依赖于来自地球的消耗品和燃料补给。由于更长的任务可能持续 1 ~ 2 年，宇航员将需要自给自足，不可能再依赖于地球。需要开发原位资源利用、舒适的舱外活动宇航服以及可持续的食物和水系统。同样必要的是，移动探测车和最终上升推进返回地球的系统。当然，这并不是所有的必要技术，但它们代表了随着时间的推移必须创建和完善成成熟系统的技术（NASA，2014 年 5 月 29 日）。

登月任务将有助于为更远的太空探索任务做准备，有助于成功验证独立于地球的多个可行系统。因此，重返月球实际上是载人长期太空探索的基石。“猎户座”和“空间发射系统”的研制工作正在顺利开展，但随着 NASA 探索目标中不断开发、改进和纳入新的必要技术，需要解决更多的问题。其中一个关键问题是，其他合作国家和私营航天企业在开发这些新技术和系统中能起到多大的作用。（NASA，2012 年 6 月 7 日）。

2016 年 2 月，美国众议院科学、航天和技术委员会的航天小组委员会举行了一次听证会，议题为“规划课程：NASA 载人太空探索计划的专家观点”。几位专家证人出席并作证，包括月球行星研究所高级科学家保罗・斯普迪斯（Paul Spudis）、NASA 戈达德航天飞行中心前主任汤姆・杨（Tom Young）、约翰斯・霍普金斯大学应用物理实验室前首席技术官、美国国家科学院《探索之路报告》编写技术小组前主席约翰・索默尔（John C. Sommerer）。美国国家科学院为联邦政府进行研究，由科学和技术各个领域的经验丰富的专家组成，其中包括参与“水星”“双子星座”和“阿波罗”计划等早期美国太空探索计划的成员。这个由政府授权的非营利性的委员会正在帮助 NASA 确定其技术路线图。索默尔在证词中表示，载人火星任务的技术要求非常具有挑战性，目前的能力和经费投入存在巨大的差距（美国国家科学院，“探索之路”2014）。

美国国家科学院的“探索之路”报告列出了 NASA 在未来载人探索计划中应采用的6项关键原则（图7.1）。它还列出了15项关键技术，这些技术对将载人探索扩展到火星至关重要。

NASA应该采用以下路径原则：

（1）致力于低地球轨道以远探索路径的设计、维护和实施，朝着解决载人航天“持久问题”的明确目标迈进。

（2）基于国际航天机构能力和意愿，尽早使它们参与路径的设计和开发。

（3）确定路线图，以促进实现路径长期目标（到达远期目的地）的可持续性和进展。

（4）不断寻求能够解决技术或方案难题的新的合作伙伴。

（5）制订风险减缓计划，在技术或预算不可预见时维持选定的路径。

（6）确定的探索路径特征可以使科学、文化、经济、政治、激励等方面的综合效益最大化，同时还能不影响长期目标的进展。

①远期目标和中间目的地具有很强的科学、文化、经济、精神激励或地缘政治利益，值得进行公共投资。

②一系列任务和多个目的地任务中允许包括纳税人在内的利益相关者看到进展，并对NASA执行路径的能力建立信心。

③该路径具有技术能力合理前置的特点。

④路径尽量减少使用对后续目的地没有帮助的任务系统。

⑤该路径具有可负担性，不会产生不可接受的发展风险。

⑥在预算允许的情况下，该路径保持合适的发展节奏，可确保保留关键技术能力、操作人员技术熟练水平和有效使用基础设施。

图7.1 美国国家科学院推荐的载人探索路径原则

“探索之路”报告还提出了技术发展的详细矩阵。这个矩阵列出了需要开发的技术列表、要攻克的挑战以及这些挑战的相关难题，并对60个难题进行了评估（Pathways to Exploration，2014年6月）。

其中，18个难题标记为绿色，表示进度风险很小；24个难题标记为黄色，表示风险明显增高；18个难题标记为红色，表示“没有已知的技术解决方案”，而且从未开发过此类系统。

约翰·索默尔博士在美国众议院航天小组委员会听证会上就太空探索的前进路径发表评论时说：

> 该委员会的一项工作就是确定载人太空探索路径。考虑到我们的技术水平、经济限制以及与人体生理学相关的限制因素，委员会认为太阳系中只有少数几个可靠的目的地适合载人太空探索。他们提出了一个计划，并主张美国不要改变计划。至少，我们应该就一条让公众满意的路径达成一致，即使它在可预见的未来不是去往火星，包括月球表面在内的路径选择具有明显的可能性（Sommerer，2016 年 2 月 3 日）。

7.2 核能推进：革命性技术

目前，进入太空最通用最有效的方法是使用化学火箭，有一种航天器运行和轨道转移方法称为“霍曼转移”。化学火箭使用高度易燃的燃料（通常是液氧和氢气）。推进剂在燃烧室内燃烧，通过化学反应产生热气体，快速膨胀的热气体通过狭窄的火箭喷嘴被挤出燃烧室，从而产生极大的推力（Foust，2019 年 5 月 22 日）。

在霍曼转移法中，火箭使用化学燃料推进从地球发射进入低地球轨道。在计算好的时刻，火箭会再次点火，进入另一个椭圆轨道，最终与火星轨道相交。这种方法可以利用较少的能量从一个天体到达另一个天体。虽然这种方式非常有效，但它的缺点是需要花费大量时间。例如，在飞往火星的任务中，霍曼转移方法需要采取地球和火星轨道对齐时的发射窗口，发射窗口每26 个月才出现一次。从发射到抵达火星，宇航员需要 7 ~ 9 个月的旅行时间。在此期间，宇航员将需要大量的资源，包括空气、水、食物和燃料；而至关重要的是，会受到宇宙辐射的极大危害。更不用说，回程也需要同等量的资源消耗（Hadhazy，2014 年 12 月 22 日）。

然而，一种新的推进方式出现了，称为热核推进，它可以将前往火星的时间缩短到只有 100 ~ 120 天。对于 NASA 来说，核火箭并不新鲜，已经存在了近 50 年。早在 1961 年，沃纳·冯·布劳恩（Wernher von Braun）

就与原子能委员会合作开发了热核推进系统（图 7.2），他设想在“阿波罗”计划之后，NASA 将使用热核推进向火星运送宇航员（Cain，2019 年 7 月 1 日）。

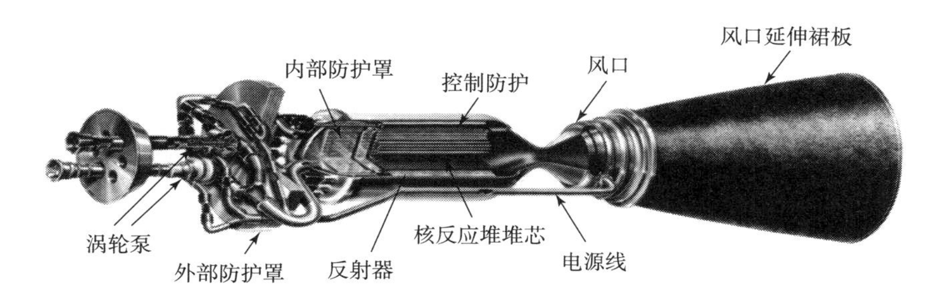

图 7.2　核反应堆驱动的空间推进系统

（图片来源：NASA）

NASA 还有另一个重要的热核推进开发项目，称为“运载火箭应用的核发动机”（NERVA）项目。20 世纪 60 年代末，曾在内华达州洛斯阿拉莫斯的沙漠中进行了试验，并且几次试验都取得了成功，但当时未被 NASA 采纳和使用。不过工程师们和 NASA 的领导层都确信，这是从地球到火星的快速、高效和成功之旅所必备的推进技术。

遗憾的是，热核推进火箭的时代还没有到来。在尼克松政府时期，曾提出了探索火星的想法，但在 1971 年，尼克松总统选择了开发航天飞机。到 1973 年，这种革新性的推进方式被彻底搁置，几乎被遗忘了（NASA，2018 年 5 月 25 日）。

在 2019 年 5 月，NASA 申请经费开始开发热核推进火箭。美国国会竟然批准了这笔经费，并拨出 1.25 亿美元用于试验和开发这种推进。NASA“阿尔忒弥斯”重返月球计划不需要这种类型的推进，但 NASA 已开始准备未来的深空旅行，探索如何缩短太阳系长途旅行的载人探索周期（Wall，2019 年 8 月 8 日）。

核火箭的另一个绝对的优势是，发射窗口不必每 26 个月一次。即使地球和火星没有轨道位置对齐，飞船也可以发射，也不用担心任务推迟。这种快速的旅行方式还可以缩短宇航员在火星表面驻留的时间，他们不需要等待下一个发射窗口才能返回地球。热核火箭推进是成功往返火星的关键要素。

参考文献

[1] Cain F. Earth to Mars in 100 Days：The power of nuclear rockets. Universe Today. July 2019. https://phys. org/news/2019 – 07 – earth – mars – days – power – nuclear. html. Last accessed 3 Feb 2020.

[2] Foust J. Momentum grows for nuclear thermal propulsion. SpaceNews. May 22，2019.

[3] Hadhazy A.(December 22，2014). A new way to reach mars safely，anytime and on the cheap. https://www. scientifcamerican. com/article/a – new – way – to – reach – mars – safely – anytime – and – onthe – cheap/. Last accessed 9 Mar 2020.

[4] NASA.(June 7，2012). Voyages：Charting the course for sustainable human space exploration.

[5] NASA.(May 29，2014). Pioneering space：NASA's next steps on the path to Mars.

[6] NASA.(May 25，2018). Nuclear thermal propulsion：game changing technology for deepspace exploration. https://www. nasa. gov/directorates/spacetech/game_changing_development/Nuclear_Thermal_Propulsion_Deep_Space_Exploration. January 31，2020. Last accessed 23 Nov 2019.

[7] National Academy of Sciences.(June 2014). Pathways to exploration：Rationales and approaches for a U. S. program of human space exploration.

[8] Sommerer J C.(February 3，2016). Hearing of the house committee on science，space，and technology subcommittee on space.

[9] Wall M.(August 8，2019). Nuclear propulsion could be 'Game Changer' for space exploration，NASA chief says. https://www. space. com/nuclear – propulsion – future – spacecraft – nasa – chief. html. Last accessed 3 Feb 2020.

第8章

经济视角

通过对近期一些报告的分析以及一些采访表明，月球任务与火星任务相比具有显著的经济优势：一是往返月球的预算大大低于往返火星的预算；二是登月任务更符合美国政府和NASA国际合作伙伴目前的预算能力；三是月球很可能拥有丰富的原位资源，如果可以将这些资源带回地球，就能够抵消开支。

关于前往月球和火星并建立永久栖息地的费用，几乎没有书面资料。询问了几位专家，没有人愿意提供用于评估月球与火星成本分析以及对比分析相关的书面报告。不能对往返火星的费用进行准确估算是最大的难题之一。有人估计，至少需要800亿美元，也可能需要高达1.5万亿美元的投入。这些相差很大的数字在国会领导人心中滋生了不信任，他们不愿意将美国纳税人的钱用于这样非常不明确的任务。在2016年举行的众议院委员会载人太空探索听证会上，戈达德航天飞行中心前主任汤姆·杨先生（Tom Young）表示：

没有计划就很难推销计划。在我看来，“第一步”就是要制订计划。而且必须是人们所公认的可行计划，计划的组成部分确实存在。我认为，在未来20年里，我们在载人太空探索上花费1800亿美元是比较合理的，这是不错的首付。在我看来，这些投资对于该计划非常关键，而且也需要逐渐增加投入（Young，2016年2月3日）。

约翰斯·霍普金斯航天研究中心前主任约翰·索默尔（John C. Sommerer,）博士作为专家证人出席了同一听证会，他曾执行过NASA水星“信使”号任务和冥王星“新地平线”号任务。众议员埃德·帕尔穆特（Ed Perlmutter）对建议的火星任务预算分析含糊不清表示担忧，并向索默尔博士询问：

“索默尔博士，你说根据你的研究和专家组的调查，实现这个计划需要20~40年，至少需要花费5000亿美元。这些数字是怎么推算出来的?”

索默尔回答说：

我没有说它肯定会花费5000亿，也可能只花费1800亿美元。（国会议员Perlmutter和Sommer，2016年2月3日）

此外，公众对NASA花费纳税人的钱有一种夸大的看法。一般美国人认为NASA的预算占到整个联邦预算的2.5%~5%。事实上，它一直徘徊在0.5%左右（“火星1号”，2013年3月7日）。

无论花费多少，NASA都需要更好地宣传财务事实，以重拾公众对未来载人航天任务的支持。索默尔继续就有限的预算以及未来载人太空探索的迷茫前景作证：

为了明确这些问题，在独立的成本估算承包商的协助下，技术小组创新了流程，从技术挑战、能力差距、监管挑战和规划要素等方面重点考虑了发展风险，为了保持一个合理的发展节奏，得出的结论是，在花费了约5000亿美元之后，可能会在20~40年后实现首次载人登陆火星的任务。实际的时间框架和成本将在很大程度上取决于为实现去火星的目标而选择的路径，坦率地说，我们研究的最快和最便宜的路径对任务的成功和宇航员的生命都存在着巨大的风险。

目前，NASA的计划存在严重缺陷。2014年，技术小组向美国国家研究委员会（NRC）提交的最终报告中称："在目前的财政环境下，去往火星是不现实的。"

1967年，"阿波罗"1号飞船发生火灾，夺走3名美国宇航员生命之后，美国国会于1968年成立了航空航天安全咨询小组（ASAP）。ASAP的任务是就安全协议提出建议，并向NASA领导层提出建议。ASAP每季度举行一次公开会议，并对NASA各个中心进行实地调查，来识别潜在风险和危险。在其2015年年度报告中，ASAP对NASA在技术、航天器设计和机构预算方面缺乏详细计划表示关注，并对NASA成功执行载人火星任务的能力提出了一些保留意见。ASAP存在的主要原因是什么？是因为NASA一直无法在技术和预算两个领域提供足够的细节（ASAP，NASA，2020年1月23日）。

当NASA的领导层被要求对这份报告发表评论时，他们说现在制订一个详细的计划还为时过早。他们表示，不愿意设计火星任务所需的航天器和技术的理由是他们预计未来20年技术会有很大进步。他们还对下届总统政府（译者注：现任总统政府）会取消NASA现在的计划深表担忧。但ASAP认为，如果这些任务是经过精心设计的，有支持性的事实和数字，NASA将会得到下届总统（译者注：现任总统）的支持（Marie Doctor，2016年1月19日）。

2010年4月，奥巴马总统在肯尼迪航天中心重申了他对载人火星任务的承诺（图8.1）：

> 到2025年，我们将设计出新型航天器，实施月球以远载人探索的首批任务。首先我们将实现人类首次载人小行星任务，到21世纪30年代中期，我相信我们可以把人送到火星轨道，并让他们安全返回地球，随后将实现载人登陆火星。我希望在我有生之年能看到它。（美国总统奥巴马，2010年4月15日）。

令人遗憾的是，自从这一宣讲以来，NASA的预算一直在削减，这对设计用于远距离太空探索任务的航天器产生了长期的不利影响。预算的充足与否决定了载人到达火星的时间表。载人前往红色星球的任务需要大量

图 8.1 肯尼迪航天中心的 NASA 总装大楼

（图片来源：NASA）

的研究、开发和经费投入。2010—2016 年的“美国航天政策”中，并没有表现出实现这个雄心勃勃目标的政治意愿或财政意愿。佐治亚理工学院机器人学博士生项目主席 Ayanna Howard 说：

遗憾的是，研发与预算密切相关……如果有足够的资金可用，那么科学家和工程师应该能够在未来 30 年内研制出载人火星任务所需的 EDL 组件。如果没有足够的资源，这个时间表不可能实现（Howard，2011 年 4 月 18 日）。

美国航天计划预算增长至少应该保持与通货膨胀率增长持平，而且制订不受党派政治影响的、包含合理进度的计划同样重要。通往深空载人探索的可持续路径取决于能够使政府、工业界、国际合作伙伴和公众等利益相关者从计划成功中受益的战略。伙伴关系的力量将能够克服沉浮，维持雄心勃勃的载人探索计划，多个国家和私人公司共同投资建造运营的“国际空间站”就是一个成功的案例。我相信美国和NASA应该带头去往月球、火星或更远的地方（译者注：这只是原作者个人的观点）。

技术小组在众议院科学、航天和技术委员会听证会上的以下声明很好地总结了当前的情况：

> 我想谈谈我自己的看法。据我所知，两党都支持对载人航天采取“付多少，干多少”的做法。但是，正如拿着孩子的零花钱去进行越野旅行一样是不可行的，由于这项任务是有成本的，以目前的投资水平我们可能永远都无法到达火星。如果国会和政府不会考虑增加载人航天预算，NASA也没有更严格的执行力，那就最好不要谈论火星了。至少，我们应该就一条让公众满意的路径达成一致，即使它在可预见的未来不会去往火星。包括月球表面在内的路径具有明显的可能性（Sommerer，2016年2月3日）。

尽管目前存在预算限制，但与20世纪60年代“阿波罗”时代相比还是有许多优势的。过去50年，我们开发了众多新的航天技术，这要感谢像Space X公司和蓝色起源公司这样的私营公司们。可重复使用的火箭、微型电子设备和人工智能等奇迹般的进展可以使我们花更少的钱、走得更快。有了这些新兴的、令人兴奋的、快节奏的私营航天部门，到2024年将宇航员送上月球是完全有可能的，而且可以高效地、按计划地、在预算内完成。

参考文献

[1] Aerospace Safety Advisory Panel, NASA. (January 23, 2020). http://oiir.hq.nasa.gov/asap/. Last accessed 13 Feb 2020.

[2] Herath A K. “Why is it So Hard to Travel to Mars?” Astrobiology Magazine. April 18, 2011. http://m.space.com/11417 - Mars - mission - space - travel - challenges.html. Last accessed 15 Oct 2019.

[3] Doctor Marie R. Safety panel doubts NASA’s capability for 2030 manned Mars mission. Tech Times. January 19, 2016. Last accessed 6 Feb 2018.

[4] Mars Generation Survey.(March 7, 2013). http://www.exploremars.org/wp-content/uploads/2013/03/Mars-Generation-Survey-full-report-March-7-2013.pdf. Last accessed 12 June 2019.

[5] Obama B.(April 15, 2010). Space exploration in the 21st century. http://www.nasa.gov/news/media/trans/obama_ksc_trans.html. Last accessed 6 Feb 2018.

[6] Perlmutter E D, Sommerer J.(February 3, 2016). Hearing of the House Committee on Science, Space, and Technology Subcommittee on Space. Charting a course: expert perspectives on NASA's human exploration proposals.

[7] Sommerer J C.(February 3, 2016). Hearing of the House Committee on Science, Space, and Technology Subcommittee on Space.

[8] Young T.(February 3, 2016). Hearing of the House Committee on Science, Space, and Technology Subcommittee on Space.

第9章

私营月球计划

月球最初被视为苏联和美国之间政治、军事和技术竞赛的战利品。但随着最近在月球南北极阴暗的陨石坑中发现了数十亿吨的水冰，又掀起了瞄准这些宝贵资源的新的“淘金热”或“登月热”。在商业计划和个人利益的推动下，太空探索和旅游业正在进入新的篇章。美国私营航天公司将月球视为他们雄心勃勃的私人火星之旅的燃料补给站，将水冰资源看作人类在月球表面生活和工作的燃料和氧气的来源。

随着全球太空经济在2020年达到近4000亿美元的顶峰，下一个10年很可能接近万亿美元大关。商业航天公司的未来会更加光明，肯尼迪航天中心和卡纳维拉尔角发射场将再次充满热情、乐观和创新的气氛。

2021年，有可能实现首次亚轨道旅游飞行项目，太空旅游将成为现实。许多潜在客户已经购买了每张25万美元的门票。很快，Space X公司和波音公司（与NASA合作）将从美国本土发射美国宇航员。这两家商业公司，以及诺斯罗普·格鲁曼创新系统公司，目前都在向“国际空间站”执行补给任务。俄罗斯国家航天集团（Roscosmos）甚至为“国际空间站”的个人用户提供太空飞行服务。政府航天机构正在与私营航天公司签订越来越多的技术和运输合同。

俄罗斯和中国继续挑战美国在太空领域的全球领导地位，另有70多个国家正在快速发展。但是，这场新的太空竞赛已经不仅仅是政府间的竞赛，也正在成为私营公司之间的竞争，看谁能先到达月球以及小行星。地球上的矿业公司可能会考虑在其他行星、月球和近地小行星上开采贵金属。最终地球将耗尽其自然资源，商业公司将继续创新，并创造解决方案来保障我们星球的未来。

这些灵活的企业体制正在探索以远低于我们官僚的、行动迟缓的政府机构的成本，以更有效的途径探索太空。许多国家正在放松管制，并正在创造有利的环境，鼓励而不是扼杀私营部门。随着“空间政策指令”2 的通过，这些公司已被解除束缚。世界正经历着历史上独一无二的时代，资金、政治意愿、降低成本和尖端技术将完美结合。

几十年来，已经有许多成熟的公司与政府和军方合作，推动多个国家的政治目标。其中包括空客公司、阿里安航天公司、波音公司、洛克希德·马丁公司和诺斯罗普·格鲁曼公司等。但在过去的 10 年里，也出现了一些新兴公司。

9.1 太空探索技术公司

除了 NASA 及其国际合作伙伴正在为尽快重返月球而努力之外，多家私营公司也在进行同样的探索，尽管原因不同。大多数公司都有著名的亿万富翁的支持，这些富翁都有各自的独特而雄心勃勃的愿景。最著名的私人航天公司是太空探索技术（Space X）公司，它是 2002 年由埃隆·马斯克在加利福尼亚州霍桑创立的，马斯克的主要目标一直是火星定居（Hofford，2019 年 3 月 13 日）。

这个目标听起来像是一部科幻电影，但马斯克总是能实现他大胆的想法，尽管有时会有一些拖延。作为一位拥有出色工程团队的极具魅力的表演者，马斯克于 2018 年 2 月在“猎鹰”重型火箭上搭载了他的樱桃红色特斯拉跑车，作为实验有效载荷（图 9.1）。

我当时就在肯尼迪航天中心，他完美地将这辆跑车和前座驾驶员宇航员人体模型（Starman）送入火星轨道。Space X 公司随后成功地将两个“猎鹰”重型火箭助推器同时回收在肯尼迪航天中心发射台上。目前，Space X 公司正在开发“星舰”，这是有史以来最大的火箭。此外，这枚火

图 9.1 “猎鹰”重型运载火箭

（图片来源：Space X 公司）

箭还将执行其他任务，如运送人类执行环绕月球的旅游任务，终有一天会前往火星：

> 当亨利·福特制造廉价可靠的汽车时，人们会说，“不，骑马不挺好吗?”他下了一个大赌注，而且成功了！（Musk，2017 年 2 月 4 日）。

9.2 蓝色起源公司

第二家票价稍低、希望引起公众关注的公司是蓝色起源公司（Blue Origin），由亚马逊创始人、亿万富翁杰夫·贝佐斯（Jeff Bezos）创立。贝佐斯毕业于普林斯顿大学，一直对太空和火箭充满热情。他的愿景是让数百万人在太空生活和工作，最近他展示了自己的“蓝月亮”着陆器，该着陆器已经开发了几年。贝佐斯的目标与 NASA 的目标更加一致：使人类能够在月球上着陆、生活和工作。蓝色起源公司希望为地球人提供太空旅游的乐趣，并努力降低成本（图 9.2）。“就我个人而言，我很想去太空，”贝佐斯说。“但对我来说这不是最重要的。我相信我们非常接近于太空黄金时代。”正如他利用互联网为消费者节省了大量资金一样，他也相信他的可重复使用的理念将使中产阶级的人也能够进入太空。他确信，一旦太空旅行是负担得起的和安全的，将开启一个全新的行业，目前我们还无法想象。“我不想生活在停滞的文明中，”贝佐斯说，“我想生活在充满发明、成长和不可思议的新事物的文明中。我确信去往太空是唯一的方法。”（Fishman，2016 年 12 月）。

图 9.2　蓝色起源公司的运载火箭

（图片来源：蓝色起源公司）

9.3　月球快车公司

另一家由 Bob Richards、Naveen Jain 和 Barney Pell 于 2010 年共同创立的私营公司名为月球快车公司（Moon Express）。这家私营公司最初的目标是赢得谷歌公司 Lunar X 大奖，获得 3000 万美元的奖金。尽管他们未能在最后期限前完成任务规定的挑战并获得现金奖励，但月球快车公司仍计划在 20 世纪 20 年代初向月球表面发射商业有效载荷，并获得了 NASA 关于“商业月球有效载荷服务”协议的合同（图 9.3）。这个项目允许月球快车公司和其他公司竞标携带科学有效载荷到达月球。此外，该公司还有在月球上开采资源的目标，以及名为“月球基地”MX－3 的机器人任务，用于探测月球南极的水冰。最终，月球快车公司将实施月球资源的采样返回任务：

月球快车公司的任务将向商业公司开放

月球快车公司希望成为首家运送机器人着陆器到达月球的私营航天公司，采集一些月壤，装进一个小型返回器返回地球

图 9.3　月球快车公司正在争取获得月球飞行的许可

（图片来源：月球快车公司）

通过向太空的扩张来延续人类的未来，迎接挑战既是必要的，也是崇高的。但这并不意味着要大胆地走出去，而是要大胆地留下来。要想去太空停留，就得付出代价（Richards，2017 年 9 月 7 日）。

半个多世纪以来，月球一直是各国政府的领地，现在这种情况正在改变。新兴的私营航天部门成为一支力量，称为“航天 2.0”，他们对寻找新航天技术的新应用非常感兴趣。瞄准太空，现在有许多新的、雄心勃勃的商业和经济目标。新航天公司的兴趣之一是月球探测和开发。一些“航天 2.0”企业开始将月球视为拥有宝贵资源的“新大陆”，可以为我们这个脆弱星球的居民带来好处。他们的观点是有大量的机会和无限的资源等待着人类，这些专注于航天发展的新实体将月球探索视为人类获得新的清洁能源的一种途径。

参考文献

[1] Fishman C. Is Jeff Bezos' blue origin the future of space exploration? Smithsonian Magazine. December 2016.

[2] Hofford C. (May 13, 2019). Top 3 biggest private space companies. https://www.earth.com/earthpedia-articles/top-3-biggest-private-space-companies/. Last accessed 16 Dec 2019.

[3] Musk E. via Twitter. February 4, 2017.

[4] Richards B. (Thursday September 7, 2017). Testimony before the US House of Representatives Committee on Science, Space and Technology Subcommittee Space Hearing on Private Sector Lunar Exploration.

第10章 国际视角

美国在航天领域取得的成就并不仅仅是美国的成就。NASA 在太空的成功一直是国际共同努力的一部分，包括“阿波罗”计划在内。前“阿波罗”17 号飞船宇航员哈里森·施密特（Harrison Schmitt）认为：

> 一直以来很多人不知道有国际合作。NASA 一直在利用其他国家，“双子星座”和“阿波罗”计划也是这样。从地缘政治的角度来看，我们今后必须合作。我们应该为其他国家提供参与的机会。但我认为，如果你试图管理全球未来的任务，那就注定要失败（Schmitt，2015 年 7 月 28 日）。

“国际空间站”是许多国家共同合作和奉献的产物，这是全球合作的至高无上的胜利。有超过 18 个国家参与，“国际空间站”刚刚庆祝了在低地球轨道连续运行 19 岁生日。它取得了重大的科学突破，改变了人类在地球上的生活方式，并对微重力长期对人体的影响进行了开创性的研究。

随着技术革命的加速，许多国家正在合作开发各种技术，包括全球导航系统。航天新兴国家正在崛起，某些国家不再能够垄断航天技术。我们必须想方设法继续“国际空间站”的模式，以保证竞争不会掩盖国际合作。美国副国务卿威廉·伯恩斯（William Burns）指出：

> “国际空间站”仍然是全球研发的领先的航天平台。该站是未来载人

探索小行星、月球以及最终到达火星的基础。这是历久不衰的例证，这证明了合作要比自己单独完成能够获得的多得多（Burns，2014 年 1 月 9 日）。

国际空间探索协调小组（ISECG）是由 15 个航天机构组成的联合体，致力于开展国际合作以保持开放性和包容性。ISECG 成员包括（按字母顺序排列）：意大利航天局（ASI）、法国国家空间研究中心（CNES）、中国国家航天局（CNSA）、加拿大航天局（CSA）、澳大利亚联邦科学与研究组织（CSIRO）、德国航空航天中心（DLR）、欧洲航天局（ESA）、印度空间研究组织（ISRO）、日本宇宙航空研究开发机构（JAXA）、韩国航空宇宙研究院（KARI）、美国国家航空航天局（NASA）、乌克兰国家航天局（NSAU）、俄罗斯国家航天集团（Roscosmos）、阿联酋航天局（阿拉伯联合酋长国），和英国国家航天局（UKSA）。

ISECG 目标是各国合作开展对太阳系适宜人类工作生活的目的地进行载人和机器人探索。ISECG 是自愿的、不具约束力的国际协调组织，各机构可通过它来交流在太空探索方面的兴趣、计划和活动的信息。这个国际组织共同致力于加强私人和机构的探索计划（Mahoney，2018 年 2 月 2 日）。

ISECG 的前领导人凯西·劳里尼（Kathy Laurini）说过：

我曾为 ISECG 工作，并领导 NASA 参与了 ISECG 的工作，参与 ISECG 的多个国家航天机构为了共同的太空探索愿景走到了一起。我们努力为太空探索的领导者 NASA 建立基础和合作关系，使我们的国际合作伙伴了解 NASA 正在做什么。其他航天机构提出了许多好的建议，他们也希望做更多的工作。我们所进行的磋商和达成的共识促进了合作，有利于推进我们的共同目标（Laurini，2015 年 7 月 28 日）。

2019 年，ISECG 制订的全球探索路线图是精心设计的计划，明确了协调机器人和载人太阳系探索的平台和战略。它反映了国际社会要在月球、小行星、火星和更远地方开展合作。全球航天机构公认，载人太空探索任务困难重重，更多国家参与，就会取得更多的成功。此外，大家也一致认为，通过追求这些目标，人们在智力、文化、社会和经济上也将受益匪浅。ISECG会议激发了创新理念和解决问题的思路，并反过来加强了成员航天机构间的合作关系。这些伙伴关系对于人类在太空的可持续存在是必要的。2003年10月，执行"神舟"任务的中国首位航天员杨利伟说："我认为发展太空事业不是为了某个民族或某个国家。我本人，作为一名航天员，相信多边、双边国际合作会推动航天事业的发展"（Moskowitz，2010年4月29日）。

10.1　世界各国月球探测计划简析

本书的重点是月球探测和发展，以及后续的火星任务，主要是为了简析美国政府的航天活动，尤其是NASA的航天活动。这是因为美国目前有大量的关于月球探测的计划和工作，如"阿尔忒弥斯"计划、"月球门户"计划以及其他一些工作。而且本书作者也熟知美国国家航天政策和法规。但这并不是要低估或忽视正在进行月球探测任务的其他国家的工作。同时，商业公司开展月球探测甚至在月球建造永久设施的计划也在不断发展。本章将探讨那些各国正在进行的或计划进行的重要的探索月球的活动。将特别关注中国、欧洲、印度、以色列、日本、俄罗斯和阿联酋目前的探月计划，这些国家都有探月和深空活动的计划。很多国家的航天计划是以国际合作的形式存在的，本章将逐一介绍这些国家。这并不是说其他国家没有开展月球和深空计划，只是想强调那些目前在资金和努力水平方面处于前列的国家。

10.2　中国

中国航天计划的范围持续呈指数级扩大。在技术、执行力和财政水平方面，没有哪个国家的航天计划比中国发展得更快。

如果今天世界航天计划真的存在竞争，那么大多数专家都会将美国和中国看作竞争的主体。可能确实如此，下一个10年更是如此，并且不仅适用于国家航天计划，也适用于商业航天计划。事实上，相较于中国的国家航天计划的发展，中国的私人航天计划的发展速度更快（Campbell，2019年7月17日）。

继雄心勃勃的“嫦娥”探月计划之后，中国宣布了在月球南极附近建立永久月球科研站的目标。航天政策分析人士认为，航天领域目标的扩展是中国基本国民经济目标扩展的核心。《泰晤士报》最近刊登的一篇关于中国航天计划崛起的文章描述了这一背景：“中国突破每一个技术难题的速度凸显了中国政府将太空视为促进经济增长和促进高端工业及衍生技术的关键”（Campbell，2019年7月17日）。

2007年的“嫦娥一号”、2010年的“嫦娥二号”、2013年的“嫦娥三号”和2019年的“嫦娥四号”都清楚地证明了中国对月球进行持续探测的决心。还将宣布在靠近月球南极的水资源保护区附近建立无人科研站的目标，作为月球探测的下一步计划。“嫦娥五号”计划于2020年在月球赤道以北的广阔而巨大的玄武岩平原着陆，该平原被称为风暴洋，并进行采样返回任务①，未来还计划从月球南极进行采样返回任务。“嫦娥七号”将携带一辆月球车，对月球南极地区进行探测，下一步还可能在这一地区建立无人科研站。有迹象表明，中国和俄罗斯可能会合作开展这些活动②。

目前，全球至少有3项瞄准月球南极区域的航天计划。NASA表示，计划最早在2024年运送两名宇航员在这一地区附近着陆。欧洲航天局也宣布了在这个地区建立“月球村”的计划，上面也提到了中国可能与俄罗斯合作开展这些活动。

各国对月球南极区域的争相探测也引发了人们对国际合作探测的关注，有助于这些科研站的探测器着陆和起飞不会污染到其他地点。此外，还有众多商业公司提出了一些探月计划，如月球快车公司、沙克尔顿能源公司（Shackleton Energy Company）、黄金尖峰（Golden Spike）等公司（Wall，2019年7月18日）。

---

① “嫦娥五号”已于2020年12月17日成功完成月球采样返回任务。

② 中俄双方已签署合作建设“国际月球科研站”谅解备忘录，并联合发布“国际月球科研站”路线图和合作伙伴指南。

10.3　欧洲

月球探测的另一个重要参与者是欧洲，欧洲的探月计划主要通过欧洲航天局实施，也涉及欧洲一些国家的航天局，如法国、德国、意大利、西班牙、瑞士和英国，此外其他欧洲航天机构也可能提供一定程度的支持。

2019 年 10 月在美国华盛顿举办的国际宇航大会（IAC）上，NASA 局长詹姆斯·布里登斯汀（James Bridenstine）表示，已经有 26 个国家（大多数来自欧洲）表达了参与美"阿尔忒弥斯"计划的兴趣，并表示将迅速就具体协议进行谈判。他还说，合作模式有可能是扩大"国际空间站"政府间协议。该协议于 1998 年最初由 15 个国家共同签署。他还解释说，私营实体也将与各国一道参与"阿尔忒弥斯"计划。布里登斯汀宣称："我们的目标是让来自不同国家的人们共同在月球上生活和工作……"（Howell，2019 年 10 月 25 日）。

尽管"阿尔忒弥斯"联盟可能包括日本、加拿大和其他航天国家，但很明显，欧洲国家是这个国际联盟的"重心"，欧洲航天局以及多个主要欧洲航天国家航天局都会参与其中。

欧洲航天局局长约翰·迪特里希·沃尔纳（Johann - Diterich Woerner）雄心勃勃，不满足于仅仅在月球上建造一个简单的科研站。从 2015 年 10 月国际宇航大会开始，他一直在游说一项联合全球倡议，建造国际"月球村"，可以容纳来自世界各地的宇航员，他们可以在图 10.1 所示的设施中共同生活。

沃尔纳在 2017 年 10 月举行的欧洲航天技术大会上发言时解释了他的设想："我希望大家的合作意图更纯粹、自然，而不仅仅是竞争……太空高于所有地球边界，如果太空中都不能合作，又怎么能指望在其他领域合作呢?"沃尔纳的讲话被认为是对美国领导层呼吁继续太空竞争的一种抗衡。他解释说，他的愿景是开展全球合作，清理空间碎片，创建"月球村"，向中国、印度和其他国家开放，超越"国际空间站"协议所定义的那种合作伙伴关系（Pultarova，2017 年 10 月 24 日）。

然而，目前不仅欧洲航天局，欧洲宇航商业承包商们也在采取更具体

图 10.1 “月球村”概念图

（图片来源：ESA）

的步骤参与到“阿尔忒弥斯”月球探测计划中。目前，“月球门户”计划是关键因素，这原本是一个绕月空间站计划，计划作为宇航员驻留站，并作为绕月实验和探索的栖息地和中转站。如果“月球门户”计划仍然是“阿尔忒弥斯”计划的一部分，这个设施将作为一个中转站，而通过载人和机器人任务也会在月球南极建造基地，包括实验设备和居住设施。在这一阶段，欧洲的参与主要涉及空客公司，积极参与 NASA“猎户座”多用途载人飞船服务舱的设计和制造。“猎户座”飞船将使用“空间发射系统”重型运载火箭发射，该火箭可用于月球轨道发射以及部署“月球门户”舱段，并最终用于在月球表面建立新的居住设施。随着美国、欧洲航天局和相关商业承包商们之间签署进一步的合作协议，将进一步明确欧洲的参与内容。

10.4 印度

正如中国在过去 20 年展示了航天领域重要的新技术、科学和运行能力一样，印度近年来在月球和火星航天计划方面也取得了重大进展。印度空间研究组织（ISRO）的首次登月任务是月球轨道器“月船 1 号”。它于 2008 年 10 月 22 日使用极轨卫星运载火箭 - C11（PSLV - C11）发射，对月球表面进行探测。这颗卫星连续运行了约10个月，绕月飞行了3400多圈，对月球表面进行了详细的测绘，并创建了精确的月表特征三维地图。轨道器还能够对位于月表的矿物做出准确的评估，并能推断出月表以下可能存在的物质。设计该航天器并将其送入月球轨道的印度空间研究组织指出，其最重要的成就是探测到了羟基（-OH）和水，主要存在于月球南极地区。它还检测到铝、硅、钙和镁。“月船1号”验证了印度科学家之前的说法，即月表以下有大量冰沉积，尤其是在没有太阳照射的陨石坑中（2020年“月船1号”的结果）。

这次任务还验证了轨道器与印度深空网（IDSN）之间的通信。该网络包括18米和32米的天线，与位于拜阿拉鲁（Byalalu）的印度空间科学数据中心（ISSDC）相连。ISSDC是印度空间科学和探索任务的主要数据和数字分析中心，这个中心是用于后续“月船2号”和“月船3号”任务的中心。

“月船2号”任务于2019年成功进入月球轨道。这次任务包括一个轨道器、一个着陆器和一个月球车。但是，由于出现了指令错误故障，导致2019年9月着陆器在月面硬着陆，月面任务过早结束。然而，轨道器继续运行，收集的数据与“月船1号”收集的数据相当。着陆器的摄像头还捕捉到了着陆失败前下降区域的有用数据。

截至2020年1月1日，印度政府宣布，目前正计划进行“月船3号”任务。该项目还将包括一个轨道器、一个月球车和一个着陆器，它在许多方面与“月船2号”的设计非常相似。印度空间研究组织主席凯拉萨瓦迪沃·西万（Kailasavadivoo Sivan）在2020年元旦的新闻发布会上宣布，早在2019年9月“月船2号”着陆器硬着陆后不到3个月，印度官方就决定要再试一次（Wall，2020年1月2日）。

印度的深空任务也包括雄心勃勃的火星任务。火星轨道器任务（MOM）命名为“曼加里安号”（Mangalyaan），于2013年11月5日发射，并于2014年9月24日进入火星轨道。这同样是印度空间研究组织的项目，印度是继美国、俄罗斯和欧洲之后第四个实现这一目标的国家。值得注意的是，“曼加里安”号深空探测器的成本远远低于其他国家，而且是第一次尝试就成功了。

目前，火星轨道器任务正在绘制这颗遥远红色行星的表面图。这次任务的科学数据将提供更多的火星地图信息，并测试未来印度空间探测器所需的技术和运行系统（2020 年印度火星轨道飞行器任务）。

10.5 以色列

以色列是新兴航天国家之一，长期以来一直对月球的研究和开发表示了强烈的兴趣。以色列通过政府项目，尤其是通过私营航天公司，正在推进月球研究以及商业月球开发的项目。SpaceIL 组织是一个非营利的以色列航天组织，由私人捐助者资助。它是 2011 年为了参加谷歌公司月球 X 大奖赛而成立的，它计划运送月球探测器到达月球表面，并提供“阿波罗”飞船原着陆地点的视频信息。这次谷歌公司月球 X 大奖赛获胜者可获得 3000 万美元的奖金，高额奖金吸引了十多个参赛者。这一激励促使 SpaceIL 组织开发了“贝雷希普”（Beresheet）飞船。2018 年年底比赛正式结束，Space X 公司宣布向 SpaceIL 捐款 100 万美元，以继续其工作，尽管“贝雷希普”飞船最终撞向了月球，没有实现软着陆。这艘飞船使用“猎鹰”9 号运载火箭发射，该火箭同时也搭载了其他卫星，然后螺旋式地向外发射到可以射入月球轨道的位置（图 10.2）。

图 10.2 “贝雷希普”号着陆器在坠落月球前发回的“自拍”图像

（图片来源：SpaceIL）

“贝雷希普”是以色列第一艘飞出地球轨道的航天器。依据谷歌－Space X 公司的比赛要求，它完全基于私人资金开发。尽管它在 2019 年 4 月 11 日因发动机故障而解体并坠落在月球表面，但它成为首个到达月球的、私人资助的航天器。据报道，该项目的预算约为 1 亿美元，这使其成为历史上成本最低的月球项目（Crane，2019 年 4 月 11 日）。

除了 SpaceIL“贝雷希普”项目外，以色列还有一个相当活跃的、由以色列航天局（ISA）支持的航天项目，该局运营着主要用于将卫星送入地球轨道的“沙维特”运载火箭。以色列航天局为“贝雷希普 1 号”提供了一些支持，并承诺向 SpaceIL 目前正在开发的“贝雷希普 2 号”着陆器提供 560 万美元的订单，NASA 还为该项目提供激光通信技术。“贝雷希普 2 号”的发射日期尚未确定（Oster，2019 年 5 月 8 日）。

10.6 日本

日本的太空研究活动与美国 NASA 的计划紧密相关，但它也开展了自己的深空研究活动。日本宇宙航空研究开发机构（JAXA）实施的“月神”（Selene 或 Kaguya）项目是其探索月球及其构成的关键太空研究项目之一。

这枚探测器于 2007 年 9 月 14 日从日本种子岛航天中心（TNSC）成功发射。该项目旨在探寻有关月球起源、月球表面成分及其演变的科学数据。这次任务包括一颗主轨道器，在距月球大约 100 千米高度开始工作，然后在 2009 年 2 月下降到 50 千米的轨道高度，并逐渐下降到 30 千米、10 千米，最终在 2009 年 6 月 10 日撞上月球。此外，还有两颗小卫星：“中继卫星”和 VRAD 卫星，它们被部署在月球极轨上，以帮助提高对地球的能见度和扩大覆盖范围。轨道器提供一系列科学和通信中继服务和仪器，以便对月球进行更广泛的科学调查，更有效地将数据中继回地球（Kaguya（Selene），2020 年 1 月 20 日）。

“月神”任务除了提供月球成像，还调查月球周围的高能粒子、电磁场和等离子体（图 10.3），对月球环境的测量具有很高的科学价值，也为未来人类在月球表面的活动提供了重要的信息。还对太阳风和辐射危害进行了重要研究，这对于了解威胁生命的太阳风暴对月面宇航员的辐射危害非常有用（Kaguya（Selene）2020 年 1 月 20 日）。

图 10.3 较低月球轨道运行的“月神”探测器图像

（图片来源：日本宇宙航空研究开发机构）

日本宇宙航空研究开发机构及其空间和宇宙航行科学研究所（ISAS）计划在 2020 年代发射到达月面的月球着陆器，首个着陆器被命名为“月神 2 号”。“月神 3 号”不仅包括一个着陆器，还将具备 100 克样本采样返回能力。最后，还有一个定义不太明确的“月神 X 号”，可能包含多个备选任务方案。

这些备选方案包括如下：

（1）备选方案 1：为建造基地进行技术验证，如挖掘建造基础设施。

（2）备选方案 2：为建造通用的着陆器提供后勤保障能力验证，该着陆器可用于运输以及 JAXA 的多个机器人任务。

（3）备选方案 3：高度复杂的原位机器人着陆器，或实现将月表土壤样本返回地球，还包括开发高速的再入舱（Kubota 等，2020 年）。

日本正在考虑和计划更多的太空探索项目。也包括未来的火星任务，包括已经研究很多年的火星着陆器，这可能包含与 NASA 的合作项目。此外，日本可能会参与 NASA 的“阿尔忒弥斯”计划（译者注：日本已于

2020 年 10 月签署《阿尔忒弥斯协定》)。

日本众多的月球航天项目并不局限于日本政府和日本宇宙航空研究开发机构，还有日本 iSpace 公司的商业活动。iSpace 公司目前正在研制名为“任务” -1 或 M-1 项目的月球空间探测器，计划于 2021 年发射月球着陆器。后续还有“任务” -2 或 M-2 空间探测器任务。

2019 年 10 月，在华盛顿举行的国际宇航大会上，日本 iSpace 公司首席执行官白田武史（Takeshi Hakamada）说明了哈库托-R（Hakuto-R）系列月球着陆器的制造和实验进展情况，该公司希望于 2021 年发射 M-1 着陆器，实现首次月球着陆，之后于 2023 年发射 M-2 着陆器在月球着陆。M-2 任务计划搭载额外的有效载荷和月球车。这些着陆器计划使用“猎鹰”9 号运载火箭发射。这个项目诞生于谷歌公司月球 X 大奖赛，最初被称为“哈库托”团队，后来发展成 iSpace 公司（Frost，2019 年 10 月 24 日）。

10.7 俄罗斯

苏联时期的太空计划的重点在于与美国竞争，从而成就了月球任务。1959 年 9 月 13 日苏联实现了“月球 2 号”探测器登陆月球，这是世界上首个无人探测器登陆月球。随后选中了宇航员列昂诺夫（Leonov）作为登月宇航员，但由于美国“阿波罗”计划在 1969—1972 年取得一系列成功，苏联载人登月计划暂停。苏联政府多年来一直否认曾参与过这样的登月竞赛，但在 20 世纪 80 年代戈尔巴乔夫实施的“公开化”政策背景下，苏联在 20 世纪 60 年代至 70 年代初两个曾经的秘密登月计划公之于众。

这些项目包括一个“探测器”（Zond）的载人月球飞行任务，使用“质子” -K 火箭发射“联盟”7K-L1 飞船。当时还有一个更激进的载人登月计划，使用“联盟”7K-LOK 飞船和 LK 着陆器。N-1 火箭曾数次失败，在美国“阿波罗”飞船成功着陆后，苏联的两个项目都终止了，1970 年取消了基于“质子”号运载火箭的 Zond 计划。N1 和相关的 L3 项目于 1974 年结束，1976 年正式取消。事实证明，“月球”（Luna）计划更为成功，1966 年，苏联“月球”9 号实现了月球软着陆，并提供了月球表面的图像。在接下来的几年里，“月球”10 号到“月球”13 号的任务继续进行。然而，由于 Zond 计划的问题，尤其是 N－1 火箭出现了几次重大故障，没有实现载人登月。

月球航天计划历史学家约翰·劳格斯顿（John Logsdon）和 NASA 历史学家罗杰·劳纽斯（Roger Launius）都曾证实，美国总统肯尼迪在 1961 年与苏联部长会议主席赫鲁晓夫（Nikita Khrushchev）的首次会晤中，向苏联领导人建议美苏联合实施登月计划。不过，赫鲁晓夫回应说，必须首先就核导弹协议和禁止核试验文件达成一致。因此没有达成联合登月计划，只是在几年后的 1975 年，实现了“阿波罗”号和“联盟”号飞船的在轨对接（Knapton，2019 年 7 月 13 日）。

20 世纪六七十年代对月球集中研究和探索之后，探月活动经历了长期的寂静期。普京时代，俄罗斯的航天活动一直集中在地球轨道范围，重新建立了全面运行的格洛纳斯（GLONASS）空间导航系统，并开发了新的天基导弹系统和超高速武器系统。最近有迹象表明，俄罗斯又开始关注月球任务。

俄罗斯国家航天集团（Roscosmos）现任总裁罗戈津（Dmitry Rogozin）宣布了长期的月球计划：2024 年发射月球轨道器，2028 年可能进行月球样品返回任务，并希望在 20 年代末实现载人月球任务。罗戈津和中国国家航天局局长张克俭宣布了一项联合月球研究计划，计划利用两国开发的设施和硬件，为月球和深空研究提供数据和科学设施（Bartels，2019 年 9 月 20 日）。

10.8 阿拉伯联合酋长国

阿拉伯联合酋长国表示，它将积极参与 21 世纪的太空探索和发展计划，并发挥关键作用。这个国家成立了国家航天局，并致力于向火星发射探测器这一非常艰巨的任务。这颗名为“希望”的阿联酋探测器将于 2020 年发射（译者注：“希望”探测器于 2020 年 7 月 20 日成功发射），2021 年抵达火星。它宣布的目标是在 2117 年在火星建成人类定居点。阿联酋还提议成立泛阿拉伯航天局，但在这方面还没有看到大的进展。它还通过了立法，支持私人或公共企业在月球或其他天体上从事太空采矿，但目前尚不清楚近期从事月球采矿的具体目标。

目前，阿联酋的重点是探索火星，而不是月球。但如果将来认识到许多与月球有关的月球探测和科学实验在许多方面都是前往火星的前奏，那么阿联酋航天局似乎有可能将更多注意力转向月球项目。例如，它可能会考虑参与NASA“阿尔忒弥斯”计划（Rehm，2019年10月21日）（译者注：阿联酋已于2020年10月签署《阿尔忒弥斯协定》。

10.9 结论

当然，世界上还有其他的航天计划和航天机构对深空探索以及获取更多关于月球的科学知识感兴趣。上述内容只是为了对与月球有关的国际航天活动的广度和深度有大致的了解。一些国际合作计划将吸引国际社会的广泛参与，NASA宣布，26个国家对“阿尔忒弥斯”计划表示了兴趣。此外，还包括一些其他的月球探测、科学实验的国际合作项目。其中一项由夏威夷的多家航天组织牵头的工作被称为“国际月球十年”（ILD）。该方案和联合国和平利用外层空间委员会（UNCOPUOS）等其他活动的目标是鼓励在未来探索月球方面开展国际合作，并鼓励大家共享这些活动产生的国际科学知识。

显然，很多国家明白，通过建立月球科研站或者像欧洲航天局提议的“月球村”等更具挑战性的项目，可以获得大量的实践和科学价值。这些信息可以为未来实现月球上人类永久居住提供至关重要的有关人体生命和在外层空间生存相关的知识。合作探索月球有助于人类实现与火星定居有关的长期目标。先迈出一小步可以学到很多东西，这可能不仅适用于技术和人体生理科学，而且也适用于实现航天国际合作的途径。

参考文献

[1] Bartels M.(September 20, 2019). Russia and China are teaming up to ex-

plore the Moon, Space. com. https://www. space. com/russia – china – moon – exploration – partnership. html.

[2] Burns W J.(January 9, 2014). International space exploration forum. http://iipdigital. usembassy. gov/st/english/testtrans/2014/01/20140109290196. html. 15 Jan 2020.

[3] Campbell C. From satellites to the Moon and Mars, China is quickly becoming a super spacepower, Time Magazine. July 17, 2019. https://time. com/5623537/china – space/.

[4] Crane L.(April 11, 2019). Israel's Beresheet lunar lander has crashed on the moon, Space. com. https://www. newscientist. com/article/2199497 – israels – beresheet – lunar – lander – has – crashed – onthe – moon/.

[5] Frost J. Japanese Lunar Lander Company on schedule for 2021 frst mission, Space News. October 24, 2019, mission. https://spacenews. com/japanese – lunar – lander – company – ispace – onschedule – for – 2021 – frst – mission/.

[6] Howell E. Space. com. October 25, 2019. NASA's artemis moon program attracts more nations as potential partners, agency says. https://www. space. com/nasa – artemis – moon – program – international – partnerships. html.

[7] Indian Mars Orbiter Mission. https://www. space. com/topics/india – mars – orbiter – mission. Last accessed 20 Jan 2020.

[8] Kaguya (Selene), Japanese Aerospace Exploration Agency (JAXA). http://www. kaguya. jaxa. jp/index_e. htm. Last accessed 20 Jan 2020.

[9] Knapton S. John F Kennedy wanted Moon Mission to be Joint Venture with Soviet Union, Telegraph. July 13, 2019. https://www. telegraph. co. uk/science/2019/07/13/john – f – kennedy – wanted – moon – mission – joint – venture – soviet – union/.

[10] Kubota T, Kunii Y, Kuroda Y. Rover missions and technology for lunar or planetary surface exploration, IEEE. http://ewh. ieee. org/conf/icra/2008/workshops/PlanetaryRovers/05Kubota/.

[11] Rover – WS_kubota. pdf#search = 'SELENEX%20%E3%82%AA%E3%83%97%E3%82%B7%E3%83%A7%E3%83%B3. Last accessed 20 Jan 2020.

[12] Laurini K. (July 28, 2015). Personal interview. International Space University.

[13] Mahoney E. (February 2, 2018). International Space Exploration Coordination Group. https://www.nasa.gov/exploration/about/isecg. 2 Feb 2020.

[14] Moskowitz C. Future Space Exploration Hinges on International Cooperation, Astronauts Say.

[15] Space. com. April 29, 2010. http://www.space.com/8297 – future – space – exploration – hingesinternational – cooperation – astronauts. html. 2 Feb 2020.

[16] Oster M. Israel space agency gives $5.6 million to help launch second shot at the Moon, Israel News. May 8, 2019. https://www.haaretz.com/israel – news/israel – space – agency – gives – 5 – 6 – million – to – help – launch – second – shot – at – moon – 1.7214622.

[17] Pultarova T. Woerner: Cooperation should reign as spacefaring nations clean up Earth orbit and venture beyond ISS, Space News. October 24, 2017. https://spacenews.com/woerner – cooperation – should – reign – as – spacefaring – nations – clean – up – earth – orbit – and – venture – beyond – iss/.

[18] Rehm J. Hope Mars mission: Launching the Arab world into the space race, Space. com. October 21, 2019. https://www.space.com/hope – emirates – mars – mission. html Results from Chandrayaan – 1 Mission. https://www.vssc.gov.in/VSSC/index.php/results – fromchandrayaan – 1 – mission. Last accessed 20 Jan 2020.

[19] Schmitt H. Apollo 17 Astronaut, and one of the last men to step on the surface of the Moon and former New Mexico Senator. Personal interview. July 28, 2015.

[20] Wall M. China eyes robotic outpost at the Moon's south pole in late 2020, Space. com. July 18, 2019. https://www. space. com/china – moon – south – pole – research – station – 2020s. html.

[21] Wall M. India is offcially going back to the Moon with Chandrayaan –3 lunar lander, Space News. Jan 2, 2020. https://www. space. com/india – confrms – moon – landing – mission – chandrayaan – 3. html.

第11章 美国人视角

11.1 概述

美国为了保持其世界强国地位，必须继续在技术、科学和航天领域保持领先。尽管美国人民面临着更为急迫的问题、日常的压力和地球上的挑战，美国仍应致力于太空探索。太空活动可以激励青少年追求卓越的学业，航天领域技术促进发明和创新，并提供许多其他有形利益，包括改善健康和医疗知识、改善网络安全和安全系统、清洁能源和其他一些有助于全面提高社会生活质量的附带利益。如果美国人和其他国家没有在20世纪60年代进行过月球之旅，很难想象我们现在的生活会是什么样子（图11.1）。

从1969年7月20日到1972年12月11日，宇航员在月球表面行走、驾驶、开展研究，甚至打高尔夫球。但是，当尼克松总统在1972年取消“阿波罗”计划时，任何重返月球表面任务的前景都变得相当暗淡。如今，在月球上留下最后足迹已过去了近50年，希望特朗普政府制定的新政策能够持久，并延续到未来的几代政界人士（Logsdon，2015）。

乔治·W. 布什总统（George W. Bush）提出的“星座”计划承诺将在2020年载人重返月球。但是，奥巴马总统上任后，公布了新的太空政策，取消了“星座”计划。2010—2017年，NASA的载人太空探索计划模糊而漫无目的，几乎没有提供明确的时间表和目的地。与此同时，其他航天国

图 11.1 NASA 空间发射系统

（图片来源：NASA）

家勇敢地向前迈进，而 NASA 仍在原地打转，追尾巴玩耍。

2016 年 1 月 20 日，NASA 官员承认其新型重型运载火箭——“空间发射系统”没有飞行任务计划。在一次讨论“空间发射系统”面临的不确定性相关的会议上，NASA 承认“空间发射系统”还没有被列入肯尼迪航天中心的发射清单。之前计划使用它执行首次载人实验飞行任务的计划也被推迟，后续的“空间发射系统”实验计划也是暂定的。在火箭完成首次无人试飞后，后续就没有确定的发射时间表了（Grush，2016 年 1 月 12 日）。

然而，根据 NASA 目前的战略，紧迫性尤为突出。当波音公司宣布将再次推迟用于发射“探索任务”1 号（现在更名为 Artemis 1）的“空间发射系统”首个飞行任务时，总统发布了“空间政策指令”1，要求宇航员在 2024 年重返月球。这一政策对 NASA 和波音公司都提出了挑战，要求它们回到正轨。白宫不再容忍这种不断的拖延。副总统迈克 · 彭斯（Mike

Pence）立即前往位于亚拉巴马州亨茨维尔的 NASA 马歇尔航天中心。他警告说，“NASA 不再向任何承包商承诺……如果目前的承包商不能实现这一目标，那么我们将寻找能够实现这一目标的承包商。”

NASA 甚至考虑跳过一些安全测试运行环节，不顾航空航天安全顾问小组（ASAP）的反对。这个由国会任命的安全小组认为这些测试和节点要求对于宇航员的安全是至关重要的。

ASAP 主席帕特里夏·桑德斯（Patricia Sanders）说：

> “只有这种测试方法可以收集关键的全尺寸综合推进系统操作数据，以确保安全运行。在发射台短时间的发动机点火不能了解运行边界，如果不具备斯坦尼斯（位于密西西比南部的 NASA 火箭测试中心）那样的控制环境，可能会导致严重的后果。因此，再怎么强调也不为过，我们建议 NASA 在项目中保留这个测试。”（Smith，2019 年 4 月 25 日）

虽然这些测试可能很耗时，但经过验证的结果可以降低风险，并避免在载人发射期间可能出现的危及生命的情况。

目前，“阿尔忒弥斯 1 号”的发射日期仍未确定。SLS 火箭和“猎户座”乘员舱最终将从肯尼迪航天中心具有历史意义的 39B 发射台发射。“猎户座”将在太空飞行约 3 周，包括在月球轨道上停留几天，为载人登月做准备。这次飞行实验之后将是“阿尔忒弥斯 2 号”，持续 10 天左右的载人任务。NASA 计划派 4 名宇航员飞越月球，然后安全返回地球。这次任务将是近 50 年来（1972 年）人类首次到达近地轨道以远的区域。

好消息是，NASA 不需要开发很多新技术用于重返月球表面，也不需要数千亿美元。据约翰·康诺利（John Connolly）称，重返月球只需花费 30 亿～40 亿美元，只需开发用于长期驻留的几项技术。NASA 及其合作伙伴需要开发生命保障系统，研究原位资源提取，并提供保护人体免受辐射的生活区。利用月球只有 3 天返回路程的优势，在月面上验证这些能力，可以为 NASA 及其商业和国际合作伙伴开展火星任务做准备。

加拿大航天局前任局长、联合国和平利用外层空间委员会（UN COPOUS）主席戴维·肯德尔（David Kendall）在一次采访中就 NASA 重返月球发表了评论：

> 人们需要鼓舞，我相信近地轨道以远的太空探索，尤其是载人任务可以起到这些鼓舞作用。就我个人而言，我认为我们需要载人重返月球，以验证将人类送上火星所需的技术和必要的基础设施。我们不要欺骗自己了，太空探索是很难的，近地轨道以远的载人太空探索就更难了。至少在美国，正在开展非常重要且激烈的辩论，关于我们应该在多大程度上强调人类在月球上的存在，因为人类近期的最终目标是前往红色星球——火星。这场辩论涉及许多因素——技术、基础设施、风险、政策、预算和政治。美国、俄罗斯和中国这些拥有足够资金将人类送到地球以外的国家，正陷入一种两难的境地：既想成为“第一”，又犹豫一步走错可能会让计划倒退许多年。大多数人都能容忍把公共资金花在这样高风险项目上，但却不能容忍由此造成的生命损失。这一事实使我们得出这样的结论：我们需要一种谨慎的、循序渐进的方法。然而，如果过于保守，公众将失去兴趣，从而影响大量的预算需求。就我个人而言，我希望我们能够找到共同点，并再次利用太空探索来缓和大国之间的政治紧张局势。“国际空间站”培育的引人关注的国际伙伴关系是一个优秀的例子，说明这是可行的。然而，下一阶段的任务需要邀请中国和印度作为完全合作伙伴。我们现在的政治领导人会这么做吗（Kendall，2020 年 1 月 30 日）？

月球和火星都是人类太空探索中非常有趣和重要的目的地。重要的是，美国要在现有能力和专业知识的基础上不断发展，以应对未来的挑战。最好的办法是先去月球，同时巩固国际伙伴关系，帮助我们前往火星。月球是通往火星之路的关键点，我们可以与国际伙伴一起作为统一的团队来验证技术能力，共同前往火星。当然，会面对大量的挑战和众多问题，NASA 不可能单独完成。但是，我不相信 NASA 想要任何其他国家来领导这项活动。每个航天机构都需要为这些任务贡献自己的能力。

现实是每一步都无法与“阿波罗”计划相提并论。但是每走一步，我们都会达成共识：载人探索是值得的。太空是一个战略领域，美国政府和其他国家花大力气投资太空探索是值得的，它推动创新、推动教育、创造新知识，有利于改善地球上的生活。

随着重返月球任务的实施，NASA 载人探索任务必须独立于美国政府“起停循环”的政治棋局。一次又一次，我们目睹了美国大胆的太空探索计划的开始，结果却发现共和党总统取消了民主党的计划，民主党总统也取消了共和党的计划。遗憾的是，这种模式没有完成任何有意义的工作。最近，国会议员布莱恩·巴宾（Brian Babin）说：

> 在这个国家有成千上万人们的生活受到我们在这栋大楼里所做的决定的影响。被限制在环城公路泡沫（Beltway Bubble）中的人们（华盛顿特区的立法者们）很容易忘记，我们作为美国人的骄傲来自努力工作和让这个世界变得更美好的决心。NASA 从事载人探索项目的工作人员，并不是政府与国会在最新的游戏中被移动的棋子。我们必须确保 NASA 的工作专注于人民的意愿，而不是当时在任总统的政治幻想。
>
> 2010—2016 年，NASA 的载人探索计划经历了动荡的 7 年。我们必须确保规划目标的连续性，并为未来制定稳妥的路线图。人类的探索有着悠久而富有传奇色彩的历史，不具有党派特征。这不是共和党或民主党的问题，这是美国的问题。我们需要从这个重要的计划中剔除政治因素（Babin，2016 年 2 月 3 日）。

我的建议是，NASA 应该领导国际伙伴关系，类似于“国际空间站”计划。如果美国袖手旁观，参与政治竞争，中国和其他航天国家就会勇往直前。我相信，现在是美国勇敢地站出来并负责建立全球伙伴关系的时候了，应当重新燃起对载人太空探索的热情。如果美国不这样做，NASA 很可能会倒退，沦落为追随其他国家。

11.2　结论和建议

目前，NASA 的太空政策不再混乱和无序，制订了许多远见卓识的目标，确定了未来载人任务明确的战略计划。未来火星之旅是可以实现的，关键路径是首先要去月球验证必要的技术。还记得 1969 年 7 月，我还是个小女孩，看到尼尔·阿姆斯特朗（Neil Armstrong）和巴兹·奥尔德林（Buzz Aldrin）踏上月球，从此我就成为NASA和载人航天的忠实粉丝。我渴望看到NASA到达火星，甚至更远的地方，但首先需要制定循序渐进、短期可实现的时间表。每个里程碑都必须能够吸引公众的兴趣，即使是在NASA逐步发展航天能力的过程中。这类计划是可持续的，而且需要国会把财政支出规划好。美国必须制定一个合理的、逐步的、负担得起的计划，把我们带向我们最终的目的地。可实现的短期航天目标有助于建立长期和持久的太空政策，以及获得美国纳税人、国会和我们的国际伙伴的长期信任。

最终，会有某个政府将宇航员送回月球。会是中国吗？俄罗斯？欧洲航天局？政府－商业联合企业？我相信NASA、白宫和国会将充分认识到，这是一个进步的、可持续的步骤，为成功进入外太空提供了必要的演练。真正需要的是白宫大胆的远见和强有力的领导，以及国会的配合，以刺激美国在载人太空探索方面取得大胆和可持续的成就。

几年来，NASA官员一直在谈论火星之旅，但过去并没有制定真正的时间表或明确的计划。火星肯定是最终目标，但实际上，最初的目标应该是获得在深空长期生活所必需的技术和知识。月球代表了至关重要的前进步骤来验证我们的能力，这将帮助我们最终到达红色星球。

2016年3月15日，商业、司法、科学和相关机构拨款委员会小组委员会主席、国会议员约翰·卡尔伯森（John Culberson）（共和党）阐述了他对NASA2017财年预算的看法：

> NASA刚刚收到了新的宇航员申请，14个宇航员站点有超过18300人报名。这表明了这个国家对航天计划的支持程度。每次有重大任务启动时，NASA网站就会成为最繁忙的网站之一，而管理与预算办公室（OMB）却拒绝给你应有的支持。当我们热爱NASA并希望你们坚持到底的时候，不能保证预算确实令人沮丧（Culberson，2016年3月15日）。

美国的航天政策应该包含几个固有特性，才能保持政策连续性，不受政府更迭的影响。应该让纳税公民、国会和工业界看到载人太空探索的不断进步，这将增强人们对 NASA 长期战略的信心，以及对我们国家领导人履行承诺的信心。NASA 应该继续选择那些鼓舞人心的、反映重大科学、经济和地缘政治优势的目的地。前进的道路也应该反映出负责任的进展，无论是在财政上还是技术上。

2016 年 2 月 25 日，卡伯森对 NASA 的现状进行了评估：

我们需要让 NASA 少一些政治色彩，多一些专业色彩，满载知识和信心着眼遥远的未来，相信国会会支持他们。在过去的 20 年里，NASA 已经在取消研发项目上花费了 200 多亿美元。没有公司、没有实体，也没有联邦政府机构能在这种环境下正常运作（Smith，2016 年 2 月 29 日）。

同样，在这场听证会上发表评论的还有首位航天飞机女指令长艾琳·柯林斯（Eileen Collins）：

官僚机构暗中取消项目，没有人民的参与，是分裂的、有害的、懦弱的，而且从长远来看，成本要高出许多倍。多年目标的连续性和政治当局的稳定将避免使我们倒退许多年（Collins，2016 年 2 月 25 日）。

载人航天和太空仍然是美国人自豪感的巨大源泉。下一届政府有必要继续激发这种自豪感，保持美国在航天领域的领导地位。美国再次展示其领导地位将使公众越来越兴奋。但这需要白宫的坚定领导、真诚的奉献和坚定不移的坚持，以及后续的实际行动。下一任总统将不得不考虑地缘政治和财政形势，首先制定一个制胜方案；然后热情地向美国人民传达这一方案，再将其传递给 NASA 及其合作伙伴。

月球和火星是载人探索活动中有趣和重要的目的地。NASA 需要在我们现有的能力和专业知识的基础上不断发展，以应对我们面临的挑战。最好的方法是先去月球，然后巩固伙伴关系，帮助我们去往火星。月球是通往火星的关键路径，如果能够同国际合作伙伴作为一个整体来验证技术能力，就可以一起实现火星梦想。我们将面临很多的重大挑战和问题，NASA 不可能单独完成这些挑战，每个航天机构都需要贡献他们的能力。

目前，大多数国际合作伙伴都不想去火星，而是想去月球。虽然美国人已经踏上过月球，但其他国家还没有实现载人登月。经费和可负担能力似乎是他们做出决定的决定因素。由于大多数国家的航天预算严重削减，同时考虑到地缘政治格局的现实，重返月球应该是大多数国家下一步的优先选择。

要想推动全球和平与繁荣，通过国际合作共同探索太空至关重要。全球合作将加速地球进步，逐步解开浩瀚宇宙的奥秘。

参考文献

[1] Babin B.(February 3, 2016). Charting a course: Expert perspectives on NASA's human exploration. Hearing of the House Committee on Science, Space and Technology Subcommittee on Space.

[2] Collins E.(February 25, 2016). Hearing of the House, Science, Space and Technology Committee.

[3] Culberson J.(March 15, 2016). Budget hearing, NASA FY 2017. Committee on Appropriations Subcommittee on Commerce, Justice, Science, and Related Agencies.

[4] Grush L. NASA officials admit space launch system is a rocket without a plan. The Verge. January 12, 2016. http://www.theverge.com/2016/1/12/1075811/nasa-ksc-meetings-sls-rocket-undertain-launch-dates. 12 Sept 2019.

[5] Kendall D.(January 30, 2020). Chair United Nations COPUOS 2016-2017, Former Director General of the Canadian Space Agency. Personal interview, Director International Space University.

[6] Logsdon J M.(2015). After Apollo. London: Palgrave Macmillan.

[7] Smith M S. Witnesses support goal of NASA restructuring legislation, but not specifics. Space Policy Online. February 29, 2016.

[8] Smith M S. Safety panel emphatically urges NASA not to skip SLS green run test. Space Policy Online. April 25, 2019.

第12章 前进的道路

NASA下一步较合理的、近地轨道以远载人探索目的地应该选择月球。这颗天然卫星距离地球很近，相对容易到达，因此很可能成为未来研究实验室。距离地球近的天然优势使它成为未来载人火星任务甚至更远任务的合理试验场，它可以对设备、系统和硬件进行验证和测试，以验证在高辐射环境中的可靠性。月球的微重力环境与火星相似，足以测试人体因素，并了解确保宇航员安全所需的知识。火星任务模拟可以很容易地通过月球长期驻留实现，真实地评估宇航员在生理和心理上的适应性。月球表面硬件包括居住结构、生命保障系统、发电设备、移动车辆，月球的原位资源也可以被开发利用。在月球上完成的每一项工作都应该反映累积的、分层的、阶梯式的过程，以实现成功的载人火星任务（图12.1）。

加拿大宇航员克里斯·哈德菲尔德（Chris Hadfield）已经执行了3次太空飞行任务，并担任国际空间站任务指令长。当年，他在加拿大安大略省南部的一个小农场里，从电视上看到了“阿波罗11号”飞船登月，从此他就立志成为宇航员。哈德菲尔德迫切希望人们冒险进入外太空，但他认为下一步应该是重返月球，并建立月球基地：

> 我们还能在国际空间站上再待10年左右，下一步我们要去哪里？月球。它距离我们只有3天的路程……月球是理想的实验平台……我们需要把一切都做好，才不会有生命牺牲（Matt Burgess，2016年1月22日）。

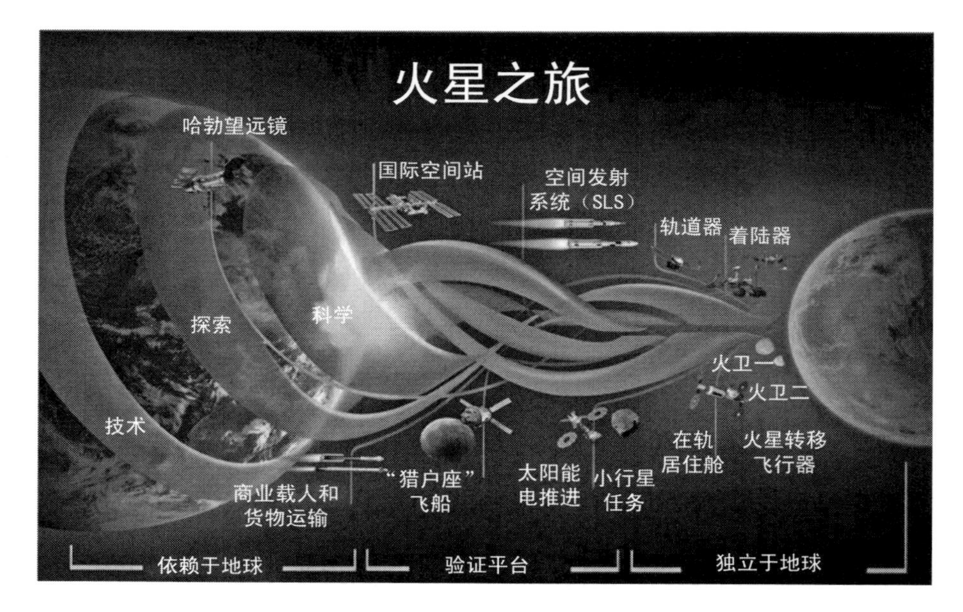

图 12.1 NASA 火星之旅

（图片来源：NASA）

1969—1972 年，NASA 登陆月球是为了留下脚印和旗帜。仅仅几个宇航员在那里停留了很短的时间，而且已经过去了将近 50 年。“新月球”的愿景将是在那里长时间停留，并学习实际生活。在这些漫长的任务中，将试验大量的技术，这些技术最终将用于深空生存和整个太阳系航行。随着“国际空间站”的结束，是时候计划重返月球了。毫无疑问，这将是 NASA 近地轨道以远的下一个合乎逻辑的飞跃。

地缘政治竞争总是推动技术的快速进步；遗憾的是，今天大多数重大技术进步都是由某种威胁引发的。最终，争夺深空主导地位的威胁很可能会推动下一个航天任务。当公民感到不安全的时候，资金就会突然出现。目前还不清楚所有这些条件何时会集中发力。同样，资金、动机以及登月和其他任务的共同愿景还不知道何时能明确。大家都希望，现在和未来几代人将最终实现可持续的载人探索任务，作者相信，成功的载人深空探索将揭示人类最终的命运。

1972 年 12 月 13 日，当“阿波罗 17 号”飞船的宇航员吉恩 · 塞尔南

（Gene Cernan）最后一次踏上登月舱，并在月球上留下最后一个脚印时，他说：

我站在月球表面上，这是我们最后一次到月球了，但我相信在不久的将来我们还会回来，我相信历史会记录下这些旅行。美国今天的挑战锻造了人类明天的命运。我们即将离开月球金牛 - 利特罗月坑，上帝保佑，我们还会回来：带着全人类的和平和希望。祝“阿波罗 17 号”飞船的宇航员一路平安。（Eugene A. Cernan，1972 年 12 月 13 日）。

参考文献

[1] Burgess M.（January 22，2016）. Chris Hadfield：Moon colonization is obvious next step. Wired. Co. UK. http://www. wired. co. uk/news/archive/2016 - 01/22/chris - hadfield - Moon - Mars - spacex. Last accessed 21 Oct 2019.

[2] Cernan E. http://www. nmspacemuseum. org/halloffame/detail. php? id = 61. Last accessed 18 Feb 2020.

附 录

附录1 “航天政策指令”1

总统备忘录

关于重振美国载人太空探索计划的总统备忘录

基础设施和技术

发布日期：2017 年 12 月 11 日

所有新闻

给副总统的备忘录

国务卿

国防部长

商务部长

交通部长

国土安全部部长

国家情报总监

管理和预算办公室主任

总统国家安全事务助理

美国国家航空航天局局长

科学和技术政策办公室主任

国土安全和反恐总统助理

参谋长联席会议主席

主题：重振美国载人太空探索计划

第1节 “总统政策指令”4修正案（美国总统巴拉克·奥巴马）

2010年6月28日，“总统政策指令”4（“国家航天政策”）修正如下：

删除“确定影响深远的探索里程碑”开头的一段，代之以下案文：

与商业和国际伙伴合作，领导创新和可持续的探索项目，在太阳系内扩展人类存在，并将新的知识和机会带回地球。从低地球轨道以远的任务开始，美国将率先使人类重返月球，并进行长期的探索和利用，之后再进行火星和其他目的地的载人任务；

第2节 一般规定

（1）本备忘录的任何内容均不得被解释为损害或影响：①法律授予行政部门或机构，或其负责人的权力；②管理和预算办公室主任有关预算、行政或立法建议的职能。

（2）本备忘录的执行应符合适用的法律，并视拨款情况而定。

（3）本备忘录不旨在，也不依据普通法或平衡法，创造使任何一方反对美国、其部门、机构或实体、其官员、雇员或代理人或任何其他人士的任何权利和利益，无论实质性或程序性权利或利益。

（4）本备忘录应在《联邦公报》上公布。

唐纳德·J. 特朗普

附录2 NASA“阿尔忒弥斯”计划概况

1.“阿尔忒弥斯”计划是什么？

NASA致力于2024年运送两名美国宇航员登陆月球，包括首位女宇航员及另一位男宇航员。通过其“阿尔忒弥斯”登月计划，将运用创新的新技术和新系统对月球进行更多的探测（附图 1）。我们将与商业和国际合作伙伴一道在 2028 年实现可持续的任务，然后利用所学知识来实现下一步巨大的跨越——将宇航员送上火星。

附图 1 “阿尔忒弥斯”计划标志

2. 为什么要去月球？

通过“阿尔忒弥斯”计划，我们将做如下工作。

（1）验证未来探索（包括火星探索）所需的新技术、能力和商业途径。

（2）确立美国在月球上的领导地位和战略存在，同时扩大美国的全球经济影响力。

（3）扩大我们的商业和国际伙伴关系。

（4）激励新一代，鼓励科学、技术、工程与数学（STEM）领域的职业发展。

3. 我们怎么去那里？

NASA 强大的新型火箭——“空间发射系统”，将运送宇航员及其乘坐的“猎户座”飞船飞行近 25 万英里到达月球轨道（附图 2）。“猎户座”飞船将与月球轨道的“月球门户”系统对接，宇航员转移到月球着陆系统到达月球表面，开展月面探测（附图 3）。任务完成后宇航员将乘坐着陆器返回月球轨道站，并乘坐“猎户座”飞船安全返回地球。

4. 我们何时到达那里？

在执行载人月球任务之前，从 2021 年开始，我们将通过商业月球探测器向月球表面运送一系列的科学仪器，并进行技术验证。

附图 2 “空间发射系统”和“猎户座”乘员舱发射准备就绪概念图

（图片来源：NASA）

附图 3 第一阶段月球轨道“月球门户”计划概念图

（图片来源：NASA）

NASA 将执行两次绕月飞行任务，以测试其太空探测系统。NASA 计划发射“阿尔忒弥斯 1 号”执行非载人飞行任务，用于测试“空间发射系统”和“猎户座”飞船。随后将发射“阿尔忒弥斯 2 号”，这将是“空间发射系统”和“猎户座”飞船的首次载人实验飞行任务。NASA 将在 2024 年前通过“阿尔忒弥斯 3 号”任务将宇航员送上月球，此后大约每年执行一次任务（附图 4）。

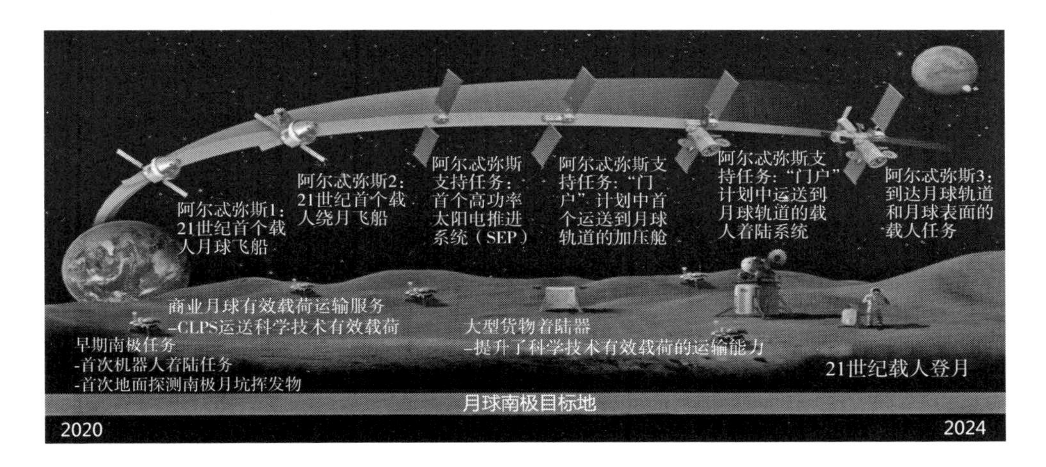

附图 4　NASA 通过“阿尔忒弥斯”的登月计划

5. 我们在那里做什么？

虽然火星是我们的终极目标，但我们首先要执行载人和机器人探测任务，对整个月球表面进行探测。我们将运送宇航员到达新的地址月球南极。在月球上，我们将做如下工作：

（1）发现长期探索可利用的所需水和其他关键资源。

（2）探索月球的奥秘，更多地了解我们的地球和宇宙。

（3）学习如何在另一个天体表面生活和工作，从月球到地球只需 3 天的路程。

载人火星往返任务大约需要 3 年的时间，在执行这个任务之前，我们需要验证大量的技术，做好准备工作。